專業肉舖的
牛肉料理教本
THE BEEF BOOK

湯瑪仕肉舖 Thomas Meat

玩味。找餐 張詣 Eason

著

CONTENTS

PART2　原味牛肉料理與烹調法　*Original Recipes*

Daily Recipes

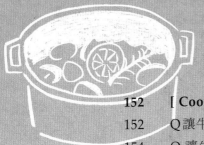

Party Recipes

PART4　派對宴客的牛肉料理與烹調法

作者序1

做，不一樣的事。走，不一樣的路

從事進口牛羊肉產業40年來，我們始終堅持努力將肉類產品的食安問題做為首要的把關目標（Food Safety A Top Priority），這是個很嚴肅的議題，也是我們在台灣從事肉品進口業者需要共同面對承擔的社會責任。

2014年，湯瑪仕肉舖信義店邀請當代傑出年輕的藝術家，以獨特高超的輕工業風手法設計了一個舒適、摩登的肉品採購空間，以親民的價格、具有現代感的包裝，讓傳統的肉品採買之旅也可以在優雅的環境中輕鬆享受採購樂趣，採買肉品也能得到挑選精品的尊榮禮遇。這種突破性的商業模式，贏得許多媒體、部落客，以及國內外業者先進們極高的評價與肯定。

2017年夏天，接到幸福文化的邀約，希望湯瑪仕肉舖的事業團隊能夠將肉品的專業知識搭配主廚秘笈，無私地與消費大眾分享，經過近一年來多次的討論、編排、校稿，終於將《專業肉舖的牛肉料理教本》完整地呈現給讀者大眾。

《專業肉舖的牛肉料理教本》一書得以付梓與讀者大眾見面，在此特別感謝幸福文化與「玩味·找餐」料理職人張先生不辭辛勞的規劃與投入，期盼本書能夠滿足讀者針對牛肉新知有更多元的選擇。

Thomas

湯瑪仕

料理的本質是分享，跳出框架，盡情揮灑，樂在其中就對了！

我不是餐飲科班出身，沒有星星或藍帶加持，只因學生時期打工接觸到廚師工作，而一頭栽入了料理世界無法自拔，從此展開了20餘年的料理職涯與自學之路。

從沒設定過自己要在廚師領域或餐飲業界做到何種境地，只希望能夠將料理帶給我的樂趣與自學經驗，用最簡單的方式與不設限的料理風格分享給大家，讓料理也能成為大家生活中垂手可得的小確幸，是撫慰自己與溫暖他人的最好方式。

會撰寫這本書，是因為牛肉是自己最喜歡的肉品，不管是牛排、中式熱炒或異國料理，都是日常飲食中常會出現的菜色。在本書中特別與大家分享樣貌百變的牛肉料理，也彙整這些年來的學習心得，以家庭設備為考量，並讓料理新手也能輕鬆嘗試的方式去設計內容與編寫食譜，讓讀者們也能在家做出餐廳美食、享受料理樂趣。

除此之外，在書中也跟大家分享能提升肉類料理風味層次、不可不知的的「梅納反應」，以及適用於燉煮各種肉類時的去腥技法－「跑活水」；當然，許多人都想了解的「煎牛排技法」也收錄其中，希望這些料理訣竅也能讓同樣喜歡下廚的你有所收穫。

因緣際會下，在2016年成立了【玩味。找餐】，除了在此與大家分享自我風格的料理外，也藉由這個空間舉辦料理活動、廚藝教學以及希望回饋給讀者的料理分享會，讓作者不再只是封面上的名字，而是能夠面對面解答疑惑、經驗分享的對象。

Eason

張詣

BEEF MASTER

KNOWLEDGE OF
BEEF CUTS

PART 1

行家帶你認識牛肉部位

在各類肉品中,就屬牛肉的風味特別讓人銷魂、難以忘懷!不只是因為牛肉烹調後的焦香氣息迷人,更因為各部位有其口感特色,無論你喜歡豐厚油花、帶筋嚼感、低脂軟嫩、濃郁肉香,一同先了解主要部位的肉質屬性吧。

01
CUTS OF BEEF
AND FLAVOR

各部位肉質與風味特色

牛隻身上的部位眾多，大約能粗分成肩胛、肋脊、腰脊、臀部、腿腱、腹脇、胸腹、前胸…等主要部位，再依此做更細緻的區分和使用，明白它們的屬性才能讓你挑對部位、做好料理。

肩胛 Chuck

位於牛隻肩部，此部位肉塊
體積特別大，有十幾條以上
的筋肉交錯

肋脊 Rib

為牛隻背部前段，肉質細、
有大理石油花，常用於牛排
料理

腰脊 Loin

包含前、後腰脊兩部分，運動
量較大，因此肉質較有咬勁

臀部、腿肉 Hip&Round

為牛隻臀腿部位，肉質纖維比
較粗，一般做成薄片或加工肉
品居多

腿腱 Shank

為牛隻前、後腿，適合長時間
燉煮，常見於牛肉麵料理

腹脇 Flank

包含肉形扁平的腹脇牛排、粉
色且薄薄的玫瑰肉兩個部位

胸腹板 Plate

胸腹板油脂分布均勻、口感
滑順，常用於火鍋、燒烤、
丼飯料理

前胸 Brisket

為牛隻前胸的區塊，肉質較
韌，一般會切絲切塊或燉
煮用

Chuck

肩胛

牛隻的肩胛是常運動到的地方，所以肌肉十分發達、筋肉交錯，是口感相當豐富的大塊肉部位，包含了板腱、肩胛里肌、翼板…等，肉塊的中間常會有筋穿插，是肉質較為結實的部位。

· 肩胛肉捲
· 翼板肉
· 肩胛里肌
· 上肩胛肉
· 肩胛板腱
· 肩胛小菲力
· 前胸腋肌
· 肩胛小排

Chuck Roll

肩胛肉捲

肩胛肉捲俗稱「背肩」，是個特殊的部位，其體積相當大，牛隻身上約有十幾條肌肉交集於此。如果將此部位切片，可以看到具有嚼勁的肌肉和柔軟的肌肉交錯，所以在這一大塊肉之中，可以品嚐到多種口感。若以一頭牛的全身重量為基準，此部位原物料佔約9至12公斤，具有一定的份量。在坊間會聽到的「比臉大的牛排」、「巨無霸牛排」所用的部位就是肩胛肉捲。

正因有著多重豐富的口感，建議不要煎得過熟，只要肉的品質好，簡單烹調就很好吃了。特別建議吃這個部位的牛排時，先觀察肌肉的脈絡，把每一塊肌肉分區域切開吃，就能在吃同一塊牛排的過程中，品嚐到不同口感。

肉舖的小知識

肩胛肉捲、肋眼、紐約客是一脈相連的

肩胛肉捲、肋眼（Ribeye）、紐約客（Strip Loin）中的其中一條肌肉是將此三個部位相連接的背最長肌，由此開始一路連接肋眼、紐約客…等部位。在這一條長長的肌肉之中，口感最軟的部位是肋眼。

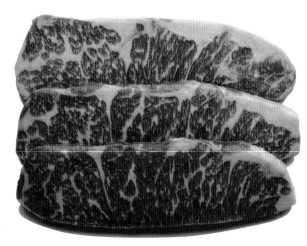

Chuck Flap Tail

翼板肉

位於牛隻肩部的翼板肉，雖然細筋分布比較少，但也有一些筋絡在此交錯。有些餐廳或業者在銷售時，會把翼板肉稱為「霜降肉」、「羽下肉」…等，各家有自己的稱呼形容此部位的油花，但其實都是翼板肉。

這個部位形狀方正，可以切片製成牛排、做燒烤料理。如果是選購草飼牛的翼板肉，因為其油脂分布較少，建議可選擇薄一點的切割方式，口感上會較為適中。但若是選購穀飼牛，其油脂含量比較豐富，建議改做厚一點的切割，吃起來多汁又美味！

肉舖的小知識

為什麼形狀方正的肉比較好利用？

牛隻身上每個部位的形狀大小不一，為了把肉修切成塊銷售，各部位幾乎都會有大小不一的損耗。修切後形狀方正的部位之所以比較容易銷售，是因為每片大小都較為一致、賣相較好的緣故。至於原始形狀不規則的肉品部位，就需切除多餘的邊邊角角。這些被切除的零碎部位，對於商家來說也是成本的一種，因此肉的形狀在肉品原物料市場上具有相當大的重要性。

有些部位會因為先天形狀不方正或不規則，而在銷售時受到侷限。此時肉商會進一步思考，如何將各個部位的利用率極大化，創造最大的附加價值。

ChuckTender

肩胛里肌

也有人稱為「嫩肩里肌」，又因形狀長相的緣故，別稱是「黃瓜條」。肩胛里肌外形為長條狀、邊緣為錐形，是相當軟嫩的部位。常常被用於平價鐵板燒餐廳，也適合切成0.2公分的薄片做使用，或烹調成越式牛肉河粉這類料理。

肩胛里肌內有一條筋，這條筋的長度約佔了肉的1/2長，有的人會覺得這條筋加重了韌度，比較難咬。但也正因為有一條筋可以維繫住肉的纖維，所以常用於製作需長時間烹調的牛肉乾，其肉質纖維比較不會在製作過程中分散。

肉舖的小知識

不同牛肉部位該怎麼運用烹調？

不管是哪個牛肉部位都可烹調成牛排、肉絲、肉塊、肉片，只是成本和口感喜好是自己做取捨的。對於一般大眾來說，通常高等級的牛肉因為肉質鮮美、價格昂貴，會建議盡量做成最簡單的料理、也不用過度調味，藉此品嚐肉的原汁原味。至於價格相對平實、肌肉纖維較紮實緊緻的腿肉則適合燉煮或切片熱炒。

不過，有些帶點細筋的部位其實也可拿來烹調牛排，同樣地也有星級餐廳使用高級部位製作漢堡…等，主要看烹調者想要呈現什麼樣的料理成品與風味，並非死硬的規則，在家不妨嘗試看看不同做法。

Shoulder Clod

上肩胛肉

上肩胛肉是在牛隻肩膀處的大塊肉，因為上肩胛肉的形狀比較特殊，所以在消費市場上實在很難見到它的原型。通常肉類加工業者會採購整塊再予以加工，製作成各種加工肉品。上肩胛肉的纖維比較粗，所以在口感上不是那麼軟嫩，切成肉絲、肉片做料理會是比較好的選擇。

肉舖的小知識

市面上有些肉塊外表整齊又圓滑，是重組肉嗎？

不一定，因為有些肉塊部位原本形狀就不規則，肉品廠商會將這類型的肉塊排列放入箱、籃、袋中加以冷凍塑形，這個過程中的肉品原物料如果未使用任何添加物或黏著劑的話，只要再經過解凍的程序，即可恢復肉品原形了。而只要外觀可辨識為原形肉，且不會被誤認為單一肉塊的狀況時，其實就不屬於重組肉。

中間帶筋是
板腱的特色

Top Blade Muscle
Oyster Blade

肩胛板腱

在台灣，肩胛板腱也是被運用到淋漓盡致的部位之一。它位於牛隻肩胛內部深處，在肩胛骨（俗稱「飯匙骨」，Blade Bone）裡頭的位置，其形狀是長型的肉塊，中間帶有一條筋的肉、油脂分布平均，容易咬嚼入口。這條筋肉往尾端延伸，會越來越細，越到尾端越好吃，尤其末端的小塊錐狀肉更是特別美味。不論是切成牛排、肉片、超薄的0.2cm肉片、肉絲，甚至切塊後用於燉煮牛肉麵也很適合，口感相當軟嫩。

在國際肉品市場上，肩胛板腱的買氣最早可說是由台灣帶動起來的。一頭牛的肩胛板腱僅約2至3公斤，以整頭牛的重量來說佔比不大，但在台灣卻能被全方位發揮於各式各樣的料理上，例如鐵板燒、火鍋…等餐廳都會拿來做使用。

肩胛小菲力　*Shoulder Tender*

肩胛小菲力在台灣市面上相當少見，但它是美國肉類出口協會近年來主要推廣的部位之一，是位於上肩胛肉（Shoulder Clod）與靠近肩胛板腱（Top Blade Muscle）之間的地方。它的口感軟嫩、形狀近似菲力，是喜愛軟嫩瘦肉者的優質選擇。不過肩胛小菲力很小塊，以北美穀飼牛來看，一條肩胛小菲力僅佔牛隻全身的350克左右，是相當小且珍貴的部位，所以它的別稱是「Petite Tender」或「Teres Major」，意指小塊且非常軟嫩的肉。

雖然口感近似菲力，但是肩胛小菲力的形狀比較不規則，是兩端尖、中間圓的外觀，正因為形狀不夠規則，在國外通常是購買一整塊肉直接做烹調，比方把一整塊肩胛小菲力燒烤之後，再逐片分切來吃。

前胸腋肌　*Pectoral*

前胸腋肌是富含嚼勁的部位，一般可處理成肉絲、薄片…等形態，通常多用於中式料理，比方熱炒；或利用長時間烹調的方式，例如與不同配料一同燉煮，來增添肉的風味及提昇軟嫩度。

肩胛小排　*Chuck Short Ribs*

肩胛小排內含結締組織的細筋，原物料的形狀為三角形，帶有嚼勁，可以帶骨或去骨做使用。此部位相當適合用於烹調BBQ料理，或是帶骨直接燒烤；去骨之後，則多用於煎烤牛排或是切成火鍋片使用。

Rib
肋脊

肋脊位於牛隻背部的前段，運動量比肩胛來得少，因此這部位肉質較為軟嫩，通常可以看到十分漂亮的大理石油花。主要包含了肋眼、牛小排、牛肋條。其中，肋眼外側的上蓋肉，即肋眼蓋肉，是常吃牛排的老饕們很喜愛的部位。

- 肋眼
- 牛小排
- 牛肋條

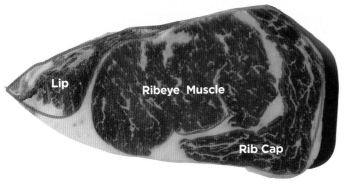

Ribeye

肋眼

在市面上通常以帶骨和去骨兩種形式銷售，名稱分別為帶骨肋眼（Bone-In Ribeye）和肋眼肉捲（Ribeye Roll）。肋眼肉油花分布均勻，是非常美味的部位，一般多用於烹調牛排，但如果特別喜歡油花豐富的牛肉火鍋片，當然也可選用肋眼切割。

將肋眼肉捲直接切成片狀時，即為肋眼牛排（Ribeye Steak），而在肉塊邊緣有個小小尖尖的部位，稱為「側唇」（Lip），如上圖所示，整塊牛排形狀呈現水滴狀。通常，高單價的穀飼牛會保留側唇的部分作販售使用。

如果把整塊去骨肋眼肉從上下順著筋膜一分為二的話，即為肋眼蓋肉（Ribeye Cap）和肋眼心（Ribeye Muscle）兩個部分。食用排餐時，建議可以延著油心和紋理分切來吃，會發現兩塊肉的口感不同，有著不一樣的享受。

若以特殊切法，在肋骨的部位切下長約30cm的骨頭和連接肉骨的地方時，其肉塊部分就像斧頭，而骨頭形似斧柄，就是大家俗稱的「戰斧牛排」（Tomahawk，印第安語的意思是斧頭），帶骨進行燒烤後直接端上桌的樣貌非常粗獷原味。但因為尺寸龐大、較難烹調，有時會在肉與骨頭的連結處澆淋熱油做燒烤。

肉舖的小知識

肋眼蓋肉即為「老饕牛排」

愛吃牛排的人士對於「老饕牛排」一定不陌生，其選用的即為肋眼蓋肉，也就是肋眼牛排精華的上蓋肉部位，英文菜單上的名稱為 "Ribeye Cap" 或 "Top Cap Steak"，每頭牛只能取下不到1%，量少且珍稀。

Short Ribs

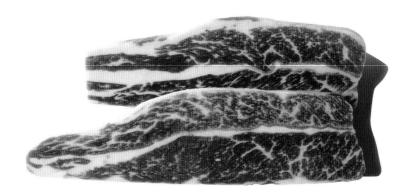

牛小排

牛小排是許多消費者滿熟悉的肉品部位,多用於煎牛排或切成小塊烹調燒烤。由於牛小排即便煎到全熟也美味,在烹調上不易失敗,建議料理新手可選用這個部位,不論是切成1.2公分、3公分的牛排,或切成薄片當火鍋肉片使用都相當合適。

雖然牛小排煎到全熟也好吃,但它本身帶有一些細筋,煎過熟的話仍會讓口感變得比較硬,烹調時建議介於七分熟至全熟之間,讓肉吃起來脆脆QQ的,是最恰好的熟度。

跟肋眼一樣,在市面上常見的,大多以帶骨牛小排(Bone in Short ribs)和去骨牛小排(Boneless Short Ribs)兩種形式做銷售。帶骨牛小排常見於牛排館和韓式烤肉店,坊間提到的「台塑牛排」就是使用這個部位。牛小排在骨頭的地方,皆有包覆著一層完整的皮膜,這層皮膜在烹調燒烤之後會內縮、而骨頭會露出,有些烹調者會把肉和骨分離開來,先把肉燒烤到差不多七分熟時盛出,然後繼續煎烤帶骨的地方,煎到焦香酥脆再端上桌。另外,一些高檔牛肉麵料理也會使用牛小排,帶骨的牛小排肉吃起來特別香。

Rib Finger Meat

Intercostal

牛肋條

牛肋條是牛隻肋骨之間的肉，它與肋眼肉、牛小排緊緊相鄰，正因為和這些精華部位相連接，所以牛肋條的口感非常軟嫩；此外，在肉的外圍有一層軟軟的骨膜，烤之後的口感會脆脆的，相當特別。但是因為受到肉塊形狀窄長的限制，所以大多用於燉煮或燒烤料理上，例如：烹煮牛肉麵、牛肉湯，或者是切成塊狀做成燒烤、串燒…等。

想用牛肋條做燉煮料理時，可依個人喜好選擇草飼或穀飼牛。若喜歡有嚼勁的口感，可挑選較精瘦的草飼牛，優點是十分耐煮；若是選用穀飼牛的牛肋條，由於它的口感比較軟嫩，建議把燉煮時間稍微縮短一點。

Loin
前、後腰脊

牛隻的腰脊包含了前後兩個部分，相較於肋脊，腰脊是運動量較大的區塊，而後腰脊肉又更加結實、具有嚼勁。所謂的「丁骨」就是在這個部位，骨頭兩側分別是菲力、紐約客，兩者口感完全不同，各有愛好者。

· 前腰脊肉（紐約客、菲力）
· 後腰脊肉（沙朗、下後腰脊翼板肉、下後腰脊角尖肉）

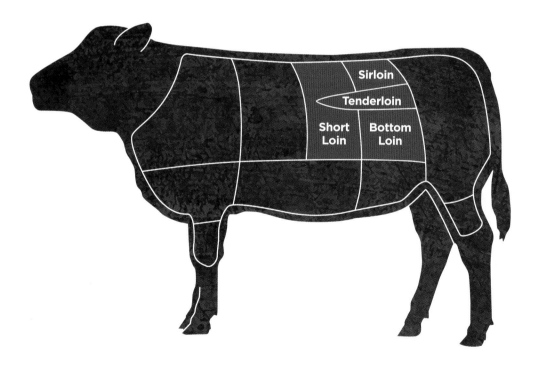

丁骨

紐約客

菲力

Short Loin

帶骨前腰脊肉

在牛隻前腰脊的部位中間有一塊 T 字形狀的骨頭。骨頭的一邊是鮮嫩精瘦的「菲力」，另一邊是富有嚼勁、油花均勻的「紐約客」。正因為包含了兩個不同部位，所以食用時可享受到兩種不同牛排的口感。帶骨前腰脊肉與肋眼肉相比，它的油花較少，因此煎烤牛排時，建議熟度為三至五分熟。將帶骨前腰脊肉烹調成牛排時，又依據菲力佔比的大小而有不同的名稱。

菲力的寬度大於 1 又 1/4 英吋時，稱為「紅屋牛排」（Poterhouse Steak）
菲力的寬度大於 1/2 英吋時，稱為「丁骨牛排」（T-Bone Steak）
菲力的寬度小於 1/2 英吋時，稱為「翼骨牛排」（Wing Steak）

‧紐約客（Strip Loin）
大家所稱的「紐約客」，就是前腰脊肉的一部分，屬於牛身上比較瘦、肉質比較紮實的部位，它的油花分布均勻，與肋眼、菲力緊臨著。由於紐約客口感較有嚼勁，所以在煎烤時建議不要烹調得太熟，大約控制在七分熟上下，或是再生嫩一點比較美味。

Tenderloin

・菲力（Tenderloin）

菲力也是腰脊肉的一部分，是整頭牛最軟嫩卻沒有什麼油花的部位（若用豬肉比喻的話，即為俗稱的「腰內肉」）。由於富含鐵質、容易消化，年長者或是特別需要補充營養的族群也很適合吃。正因為是如此軟嫩的部位，建議在煎烤時控制於三至五分熟即可；若煎得太過熟，相較之下，其口感會變得比較有嚼勁，就比較可惜了。

英式國宴料理中的「威靈頓牛排」，就是在菲力上塗抹一層有鵝肝醬的蘑菇泥，再包裹上酥皮後製作的牛排料理，做工十分繁複，但的確是一道經典美味，其風味濃郁，在本書食譜中有設計一般家庭可做的「迷你威靈頓牛排」，非常適合宴客使用。

菲力的尾端呈錐狀，這個錐狀的尖端是菲力最軟嫩的地方，利用法式做法燉煮的話，滋味相當棒。但是，也因為尾端肉形尖小，若做成一般的厚切牛排，會較不好利用，這時最常見的處理方式是藉由「蝴蝶切」來增加菲力的面積，或把此部位切成火烤適用的薄片、牛柳、骰子狀，可提升菲力的利用率。

後腰脊肉   *Sirloin*

在牛隻上後腰脊的位置，這個部位即為一般常聽到的「沙朗」，此部位包含了在美洲稱為 Top Sirloin Butt、有些地區則稱為 Rump 的部位。上後腰脊肉可以順著筋膜將兩塊主要肌肉切開，切開後再細分為沙朗上蓋肉（Top Sirloin Cap）和沙朗心（Sirloin Cap off，去皮上蓋肉）。沙朗上蓋肉是非常美味的部位，用於牛排、燒烤、火鍋片都很好吃。與沙朗心（去皮上蓋肉）相比，沙朗上蓋肉的滋味又更勝一籌。

由於沙朗的面積夠大，buffet 餐廳所提供的烤牛肉（Roast Beef）或是坊間流行的「比臉大的牛排」或許也可以考慮利用沙朗這個部位做販售。

下後腰脊翼板肉   *Flap meat*

此部位位於牛的腹肉心，形狀呈扁型長條狀，肌肉組織鬆散柔嫩，一般會先去除肉表面的多餘脂肪後再烹調利用，相當適合煎烤料理或做燒烤…等。

下後腰脊角尖肉   *Tri – tip*

此部位呈現三角形的形狀，因此又稱「三角肉」或「嫩角尖沙朗」。此區塊的肉表面平整且紋路一致，由於部位所處的位置不容易運動到，所以肉質軟嫩、口感豐富且多汁，只要能善加利用其形狀的話，其實也相當適合用於牛排、火鍋、燒烤…等料理上。

Hip&Round

臀部、腿肉

相較於牛隻其他部位，臀腿也是運動量比較大的區塊，為比較有嚼勁、肉質纖維明顯的瘦肉部位。一般常被用來做成各式各樣的加工肉品，或是切成片狀、骰子狀做成牛肉料理。

其中，外側後腿肉的「腱子心」是國人特別熟悉的部位之一，像是滷牛腱、牛肉麵料理都會使用到它。

· 後腿股肉
· 內側後腿肉
· 外側後腿肉（後腿眼肉、外側後腿板肉、腱子心）

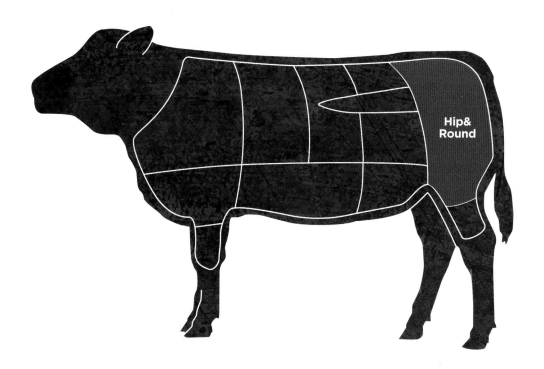

外側後腿肉 *Gooseneck* *Outside Round*

外側後腿肉又稱為「鵝頸肉」，包括後腿眼肉（Eye of Round，俗稱鯉魚管）和外側後腿板肉（Outside flat）、腱子心（Heel Muscle）三個部分。

・鯉魚管（Eye of Round）
整塊形狀類似菲力，但是肉質比較密實、有嚼勁，建議利用斷筋器稍微拍打軟化纖維組織後再煮，會得到更好的口感。如果選用的是和牛的鯉魚管，其肉質就會較軟嫩，可切成約1公分厚做成排類食用。

・外側後腿板肉（Outside flat）
此部位的肌肉纖維略粗並且帶有細筋，口感較為紮實；由於肉的面積大塊又完整，適合用於各類肉品加工製品，也可將肉切成火鍋用的薄片、中式熱炒用的肉絲或肉片…等不同用途。

・腱子心（Heel muscle）
又稱為Digital muscle，是牛隻身上常被運動到的部位，其油花比肋條、牛腩少，由於肉筋多，所以口感較為Q彈，可切成塊狀用於清燉、滷…等料理，例如牛肉麵。

後腿股肉 *Knuckle*

後腿股肉指的是後腿內側肉較為軟嫩的區塊，俗稱「和尚頭」，因為形狀渾圓而得名。在國內被廣泛用於中式料理，一般會切成肉絲、肉片運用。因為肉質纖維比較粗，不適合烹調成牛排，所以比較常拿來做成各種加工肉品，例如：肉丸…等產品。

內側後腿肉 *Top side* *Inside Round*

俗稱「頭刀」，整塊肉約8至9公斤，相當有份量，主要由上下兩大塊肌肉組合而成，上方的肌肉油花較佳。此部位在腿肉中屬於筋少且肉質較細緻的一塊，適合用於涮涮鍋的肉片、切成牛肉薄片或骰子牛…等做成料理。

下刀切割此部位肉塊時，要留意肌肉紋理的走向，以避免順、逆紋切錯，而影響了料理後的口感。

Shank

腿腱

在西方國家的飲食習慣中，較少食用牛腿腱，通常
直接製成絞肉，然後做漢堡肉排…等絞肉料理。但
我們國人常用整塊腿腱做烹調，所以台灣人對於腿
腱的選用和要求會特別著墨。向原物料商訂購時，
會直接要求各種不同的牛腱規格，國外牛肉原物料
供應商為了迎合台灣需求，還訂定了「台規腱」，劃
分得很細，而這些部位各有不同的烹調用途。

- ・後腿腱
- ・腱子心
- ・前腿小腱
- ・邊腱
- ・花腱

後腿腱（A 腱）

此部位的肌肉纖維略為明顯且帶有細筋，口感較為紮實；由於肉的面積大塊且完整，適合用於各類加工燉煮製品，也可切成薄片、做滷味拼盤、牛肉捲餅…等不同用途。

腱子心（B 腱或 D 腱）

位於牛隻後大腿正中央的肌肉束，是筋肉比例最好的部位，在腿腱中的價格最高也是最好吃的。滷好的牛腱心，正中央會有「小花筋」，呈現放射狀的紋路。

前腿小腱（C 腱）

位於牛前腿的位置，類似人類的二頭肌（Conical Muscle），又稱「金錢腱或老鼠腱」，其肌肉最上端有一個很大的筋頭。這個筋頭燉煮後富有口感，是讓許多人喜愛的原因。

邊腱（E 腱）

E 腱和 F 腱是從前腿同一處肌肉拆開來的兩個部分，形狀比較扁平且細筋多，吃起來有 Q 脆的口感。

花腱（F 腱）

也在牛前腿的位置，花腱被切片後可以看到放射狀的筋絡，通常被廣泛運用於燉煮牛肉麵這類料理上。

Flank

腹脇

牛隻的腹脇部就像人體小腹兩側的地方,是在牛隻後腿根部往前一點的位置,肉質纖維較粗、肉形扁平。在國外家庭,會用這個部位來做燒烤,但在台灣反倒是比較不常見的部位之一。

- 腹脇牛排
- 玫瑰肉

Flank

腹脇牛排

Flank Steak

腹脇牛排是從後腹部尾端取出的扁平型肉塊，取原文諧音又稱為「法蘭克牛排」。雖然軟嫩度夠，是一塊好吃的部位，但因為原物料的形狀較薄，在國內較不常用於烹調排餐，所以進口量較少。

不過，由於它的價格實惠又具備一定的美味程度，所以也有固定的愛好者。對於喜歡吃燒烤的外國人家庭，就常用這個部位烹調大尺寸的燒烤肉排料理。唯一要注意的是，由於它的肉質纖維較粗，建議逆著紋路切成牛排片，或也可切成薄片，做成墨西哥捲餅來吃。

Rose Meat

玫瑰肉

「玫瑰肉」在國內較少見到，它是從牛隻的前胸到後胸的區塊、位於皮下延伸得很長又薄薄的長條肉，由於它的顏色粉紅，故得玫瑰肉的稱呼。這個部位的被取代性高且不那麼好使用，所以在國外會直接把這個部位製成絞肉，也因此台灣幾乎很少廠商會進口這個部位。

Plate

胸腹板

牛隻的胸腹區塊即為俗稱的「牛五花」，由於這裡的油脂滿明顯，所以業者會形容它是「雪花培根牛」，一般會經過適度的修清再切片販售。這個部位的肉品常被燒烤、涮涮鍋、日本料理店、丼飯店、平價鐵板燒…等這類餐廳業者拿來使用。

· 胸腹肉 (胸腹眼肉、日式胸腹肉、韓式胸腹肉)
· 橫膈膜

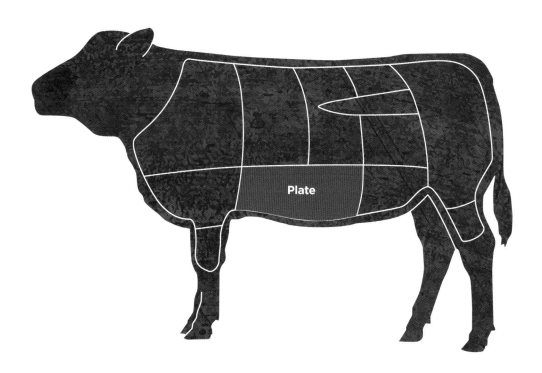

Short Plate

胸腹肉

胸腹肉的價格實惠、利用率好，是台灣進口牛肉的主要部位之一，在日本和韓國也深受歡迎。胸腹肉的纖維密實且內含細筋，如果切得較厚的話，口感會較韌，所以多被切成薄片才做烹調，不同菜式的餐廳都會選用這個部位，比方被大量運用於火鍋店、壽喜燒、燒烤、牛丼、日本料理店的牛肉握壽司…等。

若依修切方式，胸腹肉又可分為胸腹眼肉、日式胸腹肉、韓式胸腹肉，共三種。一整塊胸腹肉的肉形是由厚而薄，而胸腹眼肉是比較薄的部位；日式胸腹肉是介於中間的部位；韓式胸腹肉是比較厚的部位。

· 胸腹眼肉（Short Eye Plate）
胸腹眼肉的油脂比較少，肥瘦比約4：6，相當柔嫩，肉塊越往末端越薄，比較厚的部位常被切割成涮涮鍋用的霜降肉，它和去骨牛小排都屬韓式烤肉的人氣食材。

· 日式胸腹肉（Super Pastrami）
日式胸腹肉的瘦肉多，但又帶有柔嫩的筋肉，大多在切片後用於燒烤、鐵板燒或是涮涮鍋…等。

· 韓式胸腹肉（Karubi Plate）
韓式胸腹肉的油脂比較多，切成一口大小的尺寸再拿來烤，可以吃到類似牛腩般的口感。

Skirt Meat

橫膈膜

分為內橫膈（ Inside Skirt）與外橫膈（ Outside Skirt）兩個部分，風味獨特濃郁，適合醃製後做煎烤、燒烤料理使用，以及製作成Fajitas墨西哥烤肉。

Brisket

前胸

前胸是牛隻身上運動量很大的部位，範圍從前肢上緣一直延伸到胸腹肉，吃起來有一定的嚼勁，且油脂過於豐富，因此在市面上比較少見。

在國內，可以吃到前胸的牛隻品種，多半是整頭進口的和牛較多。雖然這個部位纖維較粗，但因為和牛油花豐富的關係，仍然具有相當令人期待的美味程度。可用於燒烤、涮涮鍋、紅燒肉塊…等用途。

還有這些！也很美味的牛肉部位⋯

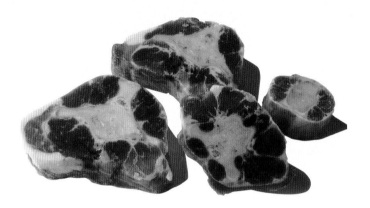

牛尾

對於台灣一般家庭來說，牛尾或許是比較少用、較不熟悉的部位，但在國外常用來燉湯或做長時間燉煮的料理。牛尾的膠原蛋白多、油脂也算豐富，用來燉湯會有很甘美的效果，在本書中介紹了牛尾的烹調法和食譜。

牛舌

一條牛舌約 1 公斤左右，長度約 40-50 公分，一般會去皮後再切片或切塊販售使用，例如燒烤料理、紅酒燉牛舌⋯等。牛舌前端的口感比較韌一些，靠近舌根的位置才會比較軟。若是切成薄片做燒烤，吃起來會有點脆度，口感特別。

牛筋

在燉煮之前，牛筋原本是很硬的質地，但經過長時間的加熱烹煮後，口感就會變得比較柔軟又QQ的，且膠原蛋白豐富，十分好吃。無論是清燉、紅燒、做關東煮、滷製⋯等，都非常適合。

02

EVERYTHING YOU NEED TO KNOW ABOUT BEEF

讓你更懂牛肉的小知識

關於牛肉，有許許多多的事可以說，從牛隻品種、各國分級到油花養成的了解，以及如何吃牛肉才能品嚐絕佳風味？以及紅了好久的日本和牛，它的夢幻滋味如何而來？簡單用17件事讓你更明白牛肉！

Q1

草飼牛和穀飼牛的不同之處？

這兩者主要是餵食的飼料及飼養方式不同，因此育成的肉質也各有特色。草飼牛吃天然牧草，採取放牧方式讓牛隻在草地上活動，正因為活動範圍大、常常四處跑跳的關係，所以草飼牛精瘦、肉質較為緊密，油脂也較少。

穀飼牛則是被餵食穀物雜糧，但每個國家慣用的飼料仍不太一樣，例如：美國和澳洲多使用玉米、加拿大用大麥。為了讓牛隻在每個時期都能攝取足夠的營養，並且讓飼料效率提升，飼料的營養價值都是經過專家精算的。

然而，穀飼牛並不是終生都吃穀物，大致在屠宰前的一段時間開始圈養、限制活動範圍，這時期會餵食穀物飼料，以確保能夠更完整地吸收營養、讓油花飽足。一般來說，澳洲穀飼牛至少餵食大約100天以上的穀物，美國、加拿大的牛隻則餵食約120天到150天以上，但基本上，天數並沒有嚴格限制。

由於餵養方式不一樣，所以穀飼牛通常比較大隻、油花多，熱愛油花的人就會選擇穀飼牛；草飼牛精瘦少油，常是追求瘦身或生酮飲食者選用的品項，兩種肉品各有其特色和優點，端看烹調或食用者需求。

Q2

什麼是自然牛？

美國USDA（農業部）官網對於「自然牛」肉品的定義是：「只做最基本處理並無多餘加工過程、肉品新鮮且未添加人工香料、色素，以及任何化學、人工、防腐成分」，這樣就能稱為自然牛的肉品。而越來越多的出口商會將自然牛行銷為「不添加抗生素、不施打生長激素」的牛隻，在肥育期時會採取放牧飼養，使其在自然環境下生長，而不是圈養的方式。

已有相當多國家將牛隻飼養時的追蹤資料記錄得非常好，比方打過什麼預防針、用過什麼藥，都會清楚登錄，有些國外廠商會將自然牛產品特色標記於原廠商品的外箱或內包裝上。

Q3

不同國家的牛隻品種是否也適合他國養殖？

每個國家、地區會有天生能適應當地氣候的牛隻品種，就像種植作物一樣，以我們台灣來說，就有黃牛和水牛。而在北美地區，最富盛名的就是當地的安格斯牛，其體型龐大、體質耐寒，因為運動量少，油花比較多，所以容易長油和長肉，油花比較豐富；而在中南美洲則因為氣候乾燥炎熱，適合天生比較耐旱的牛隻品種。

由於各地的氣候條件均不同、養殖方式也不一樣，各有其適應的牛隻品種，所產出的肉品也會有自己的特色，但不見得因為安格斯牛肉好吃，就非得把安格斯牛帶到中南美洲飼養，因為安格斯牛不一定適應中南美洲的氣候，不見得能養出一模一樣的品質；相反的，中南美洲…等熱帶區域適合放牧、耐旱的牛隻品種，帶到北美地區也同樣不一定能養得好。

Q4

如何分辨原塊肉和重組肉？

前幾年，重組肉的議題受到消費者關心，許多人買肉時會產生疑問，比方「肌肉紋理不自然，就是重組肉嗎？」、「形狀一致的牛排肉是不是重組的？」…等。其實，最常見的方式還是「觀察肌肉紋理的走向是否有邏輯、脈絡可尋」，會是比較好的判別基準。

不過，有些部位的肉品易被誤會，例如切割一致的圓形牛排。以肋眼牛排為例，有些草飼牛會把多出來的側唇（Lip）邊緣削掉，採用糖果包（Candy Wrap）的包裝方式，好讓肉品變成工整的圓形，但在國外，類似這種處理肉品包裝的方法，是為減少切割的耗損以及提升賣相…等緣故。無論是肌肉紋理或形狀外觀一致的圓形肉品，都不能只以外觀就判定是否為重組肉，仍要多方綜合判斷才能做完全的確認。

根據官方定義，若是「把兩塊以上的肉，運用添加劑組合、黏著或壓型的手法，將肉重新組合」，才是重組肉。之所以能夠把多塊肉黏著在一起，是因為使用了食品添加物中的黏著劑。這些黏著劑的成分主要為鹽、磷酸鹽類、蛋白質類物質…等，讓肉不會在加熱後散開來。以往讓消費者擔心的原因，是如果長期大量攝取這些成分，會對身體造成一定的負擔，以及製作過程中的衛生環境、冷鏈（cold chain）保存溫度…等食安問題，加上重組肉並非能確實清楚地被分辨。購買牛肉商品時，其來源要特別留意、尋找有信譽的店家，才能吃得安心健康。

肉舖的小知識

為什麼我買的牛小排解凍後會分為兩塊？它是重組肉嗎？

由於去骨牛小排形狀窄長，國外廠商在切割分裝時，會把兩片包裝在一起。由於肉跟脂肪本身就會天然黏著在一起，所以在包裝時，兩片會暫時貼合，但解凍之後便會自然分開了。

Q5

不同國家的牛肉分級制度怎麼看？

想選擇高品質的牛肉，大部分的人會直接聯想到「Prime」、「Choice」…等名詞，而這些名詞其實來自於不同國家的牛肉分級制度。目前在市場上最常見的是美國牛、澳洲牛、紐西蘭牛這三國為大宗。以下一一說明它們各自的牛肉分級制度。

・美國牛的分級

分級機制是由美國農業部（USDA，United States Department of Agriculture）所做的分類。從「牛肉風味」、「柔嫩度」、「多汁程度」這三者為指標來做判斷，其原則是依據油花分布與生理成熟度而訂定的。

判斷油花分布時，會取牛隻的第12及13根肋骨之間的肉做分辨，即肋眼肉剖面上的大理石紋脂肪含量，再依據油脂含量和分布情形，分為8個等級。通常是月齡較小且大理石紋越豐富，等級就越高。

判斷生理成熟度時，則是觀察骨骼結構與瘦肉顏色，來判斷屠宰時牛隻的生理成熟度，評定出A到E五個等級。A級為9~30個月齡；B級為30~42個月齡；C級為42~72個月齡；D級為72~96個月齡；超過96個月齡以上為E級。月齡越小的越嫩，等級也越高。

綜合油花分布與生理成熟度，最後結合出美國牛肉的八種品質等級，在生產線上，若被評定為極佳級與特選級的牛肉會在包裝上做出標記。

極佳級（U.S. Prime）
特選級（U.S. Choice）
可選級（U.S. Select）
合格級（U.S. Standard）
商用級（U.S. Commercial）
可用級（U.S. Utility）
切塊級（U.S. Cutter）
製罐級（U.S. Canner）

· **澳洲牛肉分級**：
澳洲牛的基本等級分為 V（小牛肉，Veal）、A（牛肉，Beef）、B（公牛肉，Bull）三種，小牛肉和公牛肉各有分 3 個等級，而牛肉可分為 11 個等級，包括：

代碼	類型	規格	月齡
YS	少年公牛肉（Yearling Steer）	閹牛或公牛	18 個月齡以內
Y	少年牛肉（Yearling Beef）	母牛、閹牛或公牛	18 個月齡以內
YGS	青年公牛肉（Young Prime Steer）	閹牛或公牛	30 個月齡以內
YG	青年牛肉（Young Beef）	母牛、閹牛或公牛	30 個月齡以內
YPS	中青年公牛肉（Young Prime Steer）	閹牛或公牛	36 個月齡以內
YP	中青年牛肉（Young Prime Beef）	母牛、閹牛或公牛	36 個月齡以內
PRS	壯年公牛肉（Prime Steer）	閹牛或公牛	42 個月齡以內
PR	壯年牛肉（Prime Beef）	母牛、閹牛或公牛	42 個月齡以內
S	母牛肉（OX）	母牛	42 個月齡以內
S 或 SS	公牛肉（OX）或閹牛肉（Steer）	閹牛或公牛	年齡不限
C	母牛肉（Cow）	母牛	年齡不限

· 紐西蘭牛肉分級：

紐西蘭牛肉是依照性別和年齡、脂肪含量、肌肉進行分級。以性別及年齡來說，常見的分級包含4種。

PS（Prime Steer）：

優質閹割後的公牛及未孕的母牛。屠宰前，平均重量為420公斤，而屠宰後的重量平均是280公斤，年齡大約24至36個月。此等級的產肉率雖然少，但肉質佳且油花分佈密集，特別是菲力、肋眼…等部位相當鮮嫩好吃，是價位最高的頂級部位。

PB（Prime Beef）：

母牛為主。擁有超過6顆永久門牙，活體平均重量290公斤，屠體平均重量195公斤，年齡約為30−48個月。特色為脂肪色澤偏黃，肉質密實精瘦、耐久煮烹調，適合烹調風味濃郁的中式料理，價格較平實。

Young Bull：

未閹割的公牛。年齡大約為18−24個月，是紐西蘭牛肉的特色產品，價位居次，產肉量高，但肉質精嫩，有著豐富多層次的嚼感，各部位都有不錯的評價，並能維持穩定的價位水準。

Bobby Calf：

還在授乳階段的小牛，年齡大約在2週內。除了 Bobby Calf 無法被列入分級外，一般用脂肪含量分級時，會依據牛隻後四分之一的屠體內、第12根肋骨間的肋眼肉來判定，以其油花分佈及脂肪厚度來細分；若以肌肉發展程度分級，也是依據後四分之一屠體的肌肉發育程度，包括外側後腿肉（Round）部位、上後腰脊肉（Top Sirloin Butt 或 Rump）部位、前腰脊（Strip Loin）…等部位的肌肉發展狀況，等級分為3級。

Q6

只要是「安格斯牛」就一定好吃嗎？

不少人聽到「安格斯牛」就會和好吃的牛肉劃上等號，但只要是安格斯牛就一定好吃嗎？讓我們先認識一下什麼是安格斯牛。安格斯牛是自16世紀就有的牛隻品種，大約於1860年開始於蘇格蘭群養繁殖，是品質很好的肉用牛。這個牛隻品種的確有先天上的優勢，它們被養殖時的飼料換肉率比較好、長肉快、品質佳，所以一直受到養殖業者和消費者的喜愛。

雖然安格斯牛本身的基因佳，但後天的養殖方式也非常重要，是更影響到肉用牛品質的主要因素。如果沒有好好餵養牛隻們，也無法轉換為好的肉質，所以不能說只要是安格斯牛就一定是好吃的牛肉。

市面上，常見到標榜安格斯牛的美國肉品，肉質多為PRIME、CHOICE兩種等級；其中，若屠體品質（Quality）和產精肉率（Yield）能符合「美國安格斯牛肉協會認證（CAB）」標準者，即為更優質的肉品，進而取得協會等級的認證印記，但能被認證核可的數量非常稀少。

肉舖的小知識

什麼是安格斯認證？

安格斯認證（Certified Angus Beef，簡稱CAB）是美國安格斯牛肉協會（American Angus Association）為了行銷及確保高品質安格斯牛肉而設定的計畫，此計畫在肉品業界已漸被認可，亦被產業界及餐飲業所使用。

安格斯牛認證協會有一套嚴格的評定標準，從飼養開始的各階段就開始嚴格控管，除了品種得是黑毛安格斯牛之外，還必須通過10項嚴格標準，再由美國農業部（USDA）評級為Prime或Choice之後，才能給予CAB認證。其肉品特色具有高品質且穩定的大理石油花紋理、肋眼面積介於10-16平方英吋、油脂厚度小於1英吋、肉質地緊實細緻，是市面上相當珍稀的高品質牛肉商品。

Q7

什麼是和牛？為什麼其他國家也有和牛？

日本和牛雖然是來自日本的牛隻種類，但日本和牛並非完全100%的原生種，在明治時代，為了品種改良，而引進海外的牛隻做交配，取其各自的優點，而後在日本本地所飼養培育的，即為現在的日本和牛。

根據日本農林水產省的分類，日本和牛的種類可分為「黑毛和種」、「褐毛和種」、「日本短角種」與「無角和牛」這4種，在日本全國飼養肥育的和牛有90%以上皆為黑毛和種，黑毛和種即為黑毛和牛。

黑毛和種：
以前是近畿和中國地區為產地，於明治時代和外國品種交配所改良，於1944年被認定為日本固有肉用的品種。

褐毛和種：
主要以熊本和高知縣為產地，又稱為紅牛（赤牛），於明治時代和西門塔爾牛交配改良的品種，也是於1944年認定為日本的肉用品種。

日本短角種：
主要以東北地區為產地，它是原有的南部牛和短角牛進行交配，經重覆改良後，於1957年認定為日本的肉用品種。

無角和牛：
是4個牛種中產量最稀少的品種，現今日本只剩約莫幾百頭。無角和牛是源自1920年從蘇格蘭進口安格斯牛（Aberdeen Angus）與日本和牛進行交配。經過多年的品種改良，於1944年時被認證為純種日本和牛。

現今日本各地都有和牛，再加上各地域名稱，例如：山形牛、近江牛、松阪牛、神戶牛…等，以及岩手短角牛、米澤牛、常陸牛、上總和牛、宮崎牛、熊本赤牛、仙台牛、飛驒牛、佐賀牛、北海道和牛…等，其實細數不完。

在這麼多品牌中，神戶牛、松阪牛、近江牛是所謂的「日本三大和牛」，這三種和牛原先都是在兵庫縣出生，被稱為「但馬牛」，但馬牛是所有品牌牛的根源。在小牛階段被送到關西各地區的肥育農家，按照該肥育農家的地域而命名，才分別成為松阪牛、神戶牛和近江牛。而其他地區的品牌牛也是，於肥育期被帶到日本各地，才被冠上不同名稱。

在肥育期，各農家的飼養方式、飼養時間都有不同標準，只有完全符合標準的牛隻才能被冠上該品牌名稱販售，以增加消費者對於品牌的信賴度。以下簡單介紹日本三大和牛：

神戶牛

由「神戶肉流通推進協議會」指定，是兵庫縣農家所培育的品牌和牛。養殖時，會餵食稻米、玉米、當地的良好水源，而造就了豐富甜味與香氣，也是品質相當好的和牛之一。

松阪牛

於三重縣松阪市及其近郊地區被肥育，特別的是，只有「沒有生育過的雌牛」才能被認定為松阪牛。松阪牛的脂肪溶點和人體口腔溫度接近，因此放進口中的瞬間，可以感受到溫和口感擴散於舌面。在養殖時，為了增進牛的食慾，會讓牠們喝啤酒，還有細心地為牠們按摩、以減少壓力，好讓肉質更佳。

近江牛

在充滿豐沛水源和自然環境的滋賀縣肥育成長，相較於其他品牌的和牛，近江牛的肉質幼細，而且脂肪帶有一點黏性，是其特色。

為了確保品牌和牛都有一定的水準，每一頭牛都有自己的身分證，上面詳盡記載了牛隻三代的血統，可以了解小牛的父母、祖父母、曾祖父母資料，這是其他國家不會有的品質保證規範。通常，小牛在出生4個月後，會到出生地做登記，設置耳標、留下鼻紋和繁殖紀錄，存於牛隻登記系統中，所以每隻牛都有自己的ID資料。這樣的系統設置，有利於保持肉質的穩定，因為日本人相信肉質大部分是取決於牛隻的血統與飼養管理方式。

除了日本有和牛，澳洲、美國、中國、智利也引進和牛。1990年代，從日本引進到美國，後來又引進到澳洲，在國外被稱為「WAGYU」，而日本和牛的英文則為「WAGYU JAPANESE BEEF」；美國約有5萬頭和牛，澳洲則有25萬頭左右。

引進到他國的和牛會再配種，例如澳洲和牛是由日本和牛和安格斯黑牛配種而來。在澳洲豐富的自然環境中，牛隻活動範圍大、壓力小，不施打抗生素和生長激素。通常會餵養450天以上的穀物飼料，所以澳洲和牛的肉質也很軟嫩。

Q8

許多人熱愛和牛，它的夢幻滋味如何而來？

無論是到日本旅遊，或是開放和牛進口，許多人就是特別愛和牛的口感滋味，它的夢幻滋味從何而來呢？其實最主要的，除了血統純正外，最重要的還是日本人的養殖方式特別講究的緣故。

牛隻在肥育期時，會餵食玉米穗、大豆、麥子、結稻米的稻草…等，每個品牌會研究出自己獨門的飼料配方。在照料方面，減少牛隻的壓力，也會讓肉質更好、更嫩，比方給牛隻聽音樂、給予按摩…等，讓牠們多處於放鬆的狀態下。小牛長成到8至10個月左右、體重達280至300公斤時，開始肥育，養到29.7個月左右、體重達700多公斤時上市。

在全世界，對於牛肉肉質分級最嚴格細緻的國家，就屬日本了，需結合產精肉率等級／步留等級（A、B、C）與肉質等級（1至5）兩個辨別標準，再依此分出等級來，是非常特有的分級系統。

產精肉率等級	肉 質 等 級				
	5	4	3	2	1
A	A5	A4	A3	A2	A1
B	B5	B4	B3	B2	B1
C	C5	C4	C3	C2	C1

首先，產精肉率等級的A、B、C，是指去除內臟、皮之後，可以從一頭牛身上取得多少的食用肉比例。通常，會取用牛隻左半部第6至7根肋骨的「肋眼面積」、「牛腹肉厚度*」、「皮下脂肪厚度」和「冷藏屠體重」做評定。A為最多、C是最少；也就是說，A是食用部分比例最高的。

在英文之後的數字則是肉質等級，以「油花分布、肉質緊實度、肉的顏色、脂肪色澤」這四項，再細分評斷肉的品質，一共有5個級別，1最低、5為最高級。

以左頁表格來看，可以看到日本和牛共有15個等級（澳洲和牛分到9級），在這4個指標中，會取其中被評定最低的，來判定最終的等級為何。比方，如果4個指標中，有3個得了5，但其中一個是2的話，最後也只能判定為2，標準十分嚴謹。以頂級日本和牛來說，通常都是到A5或A4等級。

對於油花很追求的人，則可參考「BMS」等級分法。BMS為脂肪交雜度（B.M.S.，Beef Marbling Standard），意指牛肉大理石油花標準，也就是俗稱的霜降度。如果油花分佈平均密集且雪白的話，得到的分數會比較好，有如大理石紋或冰霜的美麗紋理；而肉的顏色，若瘦肉的部分是桃紅到鮮紅的範圍，也是品質很好的。

註*：牛腹肉厚度指的是 Rib thickness。

BMS共分為12種等級，BMS12為最優、油花比例最高，有如霜降一樣（霜降り）；一般牛肉能達到BMS7，便可稱為高級牛肉，BMS7牛肉相當於肉質分級的4等級，BMS8以上則相當於5等級的程度。

日本和牛的熔點溫度為26-30度左右，而人體口腔溫度約36-37度多，所以許多人會說和牛吃起來入口即化、口感滑順，而且纖維走絲細密。除了熔點不同，和牛於烹煮後會出現一種特殊的芳香，根據官方的形容，是帶有桃子或椰子氣息。此外，和牛脂肪中還有一種「油酸」，已有日本國內研究報告指出，若在適當的烹調方式下的話，有利於增進人體腸道好菌…等好處。

雖然和牛很美味，但因為熔點低，所以烹調時間不宜久，一般可以做成燒烤、壽喜燒、涮涮鍋…等料理，盡量是切薄片且吃原味的方式食用。

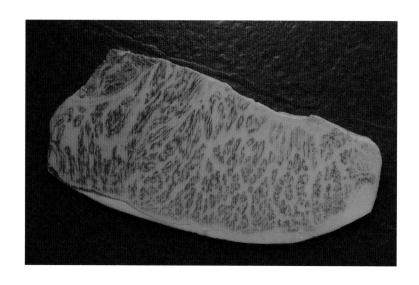

Q9

什麼是油花？油花多就好吃？

許多人聽到「油花」兩字，就會直接和好吃的牛肉聯想在一起，但只要肉塊的四周或表面有白白的油脂分布就是好吃嗎？先來了解油脂怎麼分辨。

在肉的外圍，完整的白色脂肪是一般的油脂（Fat）；位於皮下、背部的白色脂肪則稱為「背脂」；至於在肌肉束之間細微分散的脂肪，才是油花（Marbling），也就是以肉眼能看到的「肌間脂肪」。

由於油花的分布影響了肉的口感、肉汁含量⋯等因素，這些都會讓牛肉比較柔嫩且容易咬斷，吃起來也比較多汁，這就是常聽到「油花多會比較好吃」的原因。

另外，有些人會把油花和細筋混淆，該怎麼辨認呢？如果消費者買到肋眼或板腱，可以看一下肉塊剖面，若是紮實的乳白色（或帶點微微黃色）即為油花；而細筋則是一串連接著，有點透度、並非完全乳白色的細小紋路，其烹調後的口感是有點QQ、口感不會老的筋。

一連串帶有透明度的脈絡為細筋　　　　　　　　　　分散在肉中的細小白色脂肪是油花

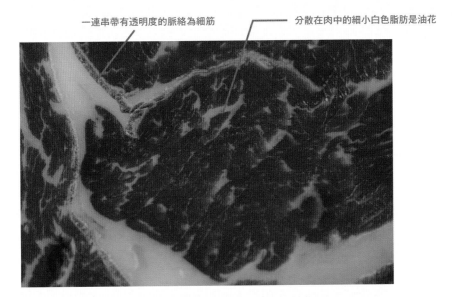

Q10

買回來的牛肉需要清洗嗎？

就像買蔬果一樣，有些人會習慣把肉沖洗一下再烹調，可能是源自於大家的購買場域，因為早期冷鏈溫度保存的概念比較薄弱、設備也沒那麼發達。以前傳統市場賣的本地肉品屠宰時間多為半夜，經過分切等程序後，於清晨4、5點送到傳統市場販售至中午，放在室外的時間非常長，現場溫濕度控制不易；加上消費者在肉攤上挑選時，習慣用手接觸到肉的表面，導致肉品上的微生物孳長非常快，所以大家會覺得買回家的肉還是洗一下比較安心。

但目前肉品的「冷鏈技術」（Cold Chain）已經相當成熟，也就是肉品冷凍冷藏的流程控管非常完善，不管是進口肉品或國內電宰肉品都是在一定的溫控下進行；因此，如果是買經過完全冷鏈包裝的肉品，拆開包裝後不需清洗，是可以直接下鍋烹煮的，若用水直接沖洗的話，反而會把肉的營養和風味物質沖洗掉。

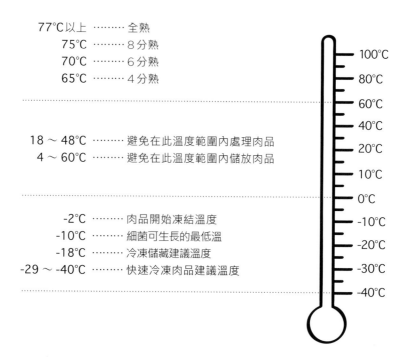

77°C以上	………	全熟
75°C	………	8分熟
70°C	………	6分熟
65°C	………	4分熟
18～48°C	………	避免在此溫度範圍內處理肉品
4～60°C	………	避免在此溫度範圍內儲放肉品
-2°C	………	肉品開始凍結溫度
-10°C	………	細菌可生長的最低溫
-18°C	………	冷凍儲藏建議溫度
-29～-40°C	………	快速冷凍肉品建議溫度

Q11

冷凍肉與冷藏肉的不同？

依據購買習慣，冷凍肉和冷藏肉各有不同的消費族群，兩者的差異主要在於蛋白酵素作用時間的長短與變化程度。冷凍肉是將肉品各部位切割後，在第一時間下進行真空包裝和急速冷凍，這時肌肉之中的細胞狀態會停在冷凍之前，不會再發揮任何作用變化，能維持在一定的鮮度。而冷藏肉是將切割後的肉品放冷藏，這時肌肉的蛋白酵素會繼續發揮作用，嫩化肌肉纖維。

冷藏肉鮮美軟嫩，但有保鮮期限的限制，必須在短時間內吃完，建議在購買後1至3天內烹調食用完畢。這是因為賣場的冰箱冷藏設備若被反覆且頻繁地開開關關時，會讓保存溫度不夠恆定，所以要盡快烹調食用，才能吃到最佳風味。買冷藏肉回家後，應盡量避免把肉放冷凍保存後又反覆地解凍、冷凍，溫層頻繁改變會讓肉品鮮度與血水流失過多，甚至讓冰晶破壞了細胞組織而影響到肉質本身，導致下次烹調時的風味大減。

若選擇買冷凍肉的消費者，建議真空小包裝為佳；如果是購買大份量冷凍肉的話，為了確保每餐的烹調品質，建議買回家後先分為幾個一餐份的小包裝，再放冷凍庫保存，以避免因為每次取用時來回解凍、冷凍，而影響了肉的鮮度。

Q12

為什麼真空包裝的冷凍肉顏色外觀比較黑？

冷凍肉在切割包裝的過程中沒有接觸到太多氧氣，所以看起來為深紅色的。拆開包裝後，牛肉中的鐵質接觸到氧，肉色會逐漸轉變成鮮紅色，約15-20分鐘後再漸漸轉為較為黯淡的棕色，此時是外觀鮮度的改變，和未拆開包裝前的深紅色不同。

不過，這種現象在冷藏肉品也會發生。拆開真空包裝的冷藏肉時，顏色變黑的速度會比冷凍肉還要快。不過，以上都是肉品脫離真空包裝後的自然變化，並不是品質變異或添加物的關係。

另外，真空包裝的牛肉，其袋子裡有時可能會有一些紫紅色液體，這些液體是「滲出液」，有些部位的滲出液會比較明顯，例如後腿、後腰脊肉，或是去膜的牛肉塊…等。如果滲出液只有微量，即屬正常，但如果過多，可能是處理或運送過程中的溫控不良，又或者先前已先被解凍過、未完全真空，這部分倒需特別留意。

Q13

如何解凍才會讓肉最好吃？

冷凍肉品的解凍程序對於烹調後的風味有相當大的影響，因為不當的退冰方式會讓血水流失，鮮甜度就沒那麼佳。買冷凍肉品時，建議用保冷袋盛裝，帶回家後要立即放冷凍庫保存。烹煮前，先將肉品放置冷藏室中，待其慢慢解凍是最正確的方式。請注意別將冷凍肉品放常溫或泡水，這兩種解凍方式都易讓溫度回升過快，短時間內產生劇烈溫差會讓血水迅速流失、肉汁也會在無形之中流失了。

一般在外面火鍋店用餐時，也可以留意一下肉品的解凍時間。比方，在火鍋店吃涮涮鍋時，店家會準備冷凍的薄切肉片，剛端上桌時，肉片還冰得很硬、是立體捲曲的狀態，這時如果將肉片直接放入鍋內，就如同快速解凍，會使肉的保水性與質地受到影響。建議不妨稍微放置一下，等到肉片上的霜消失、即將要滲出一點血水前再下鍋涮燙，這樣煮出來的肉片最好吃、風味最佳！有點類似品酒之前要先醒酒一樣，給肉片一點時間，從肉的表面由外而內緩慢解凍，這時才是最好的烹調時機。

稍微解凍的狀態

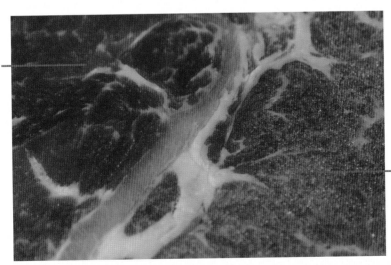

仍有白霜的狀態

Q14

為什麼牛肉切片後，有時出現綠光？

在肉品新鮮度與品質無異常的前提下，有時在處理牛肉切片的時候，會看到肉的表面出現類似虹彩的光芒，或是有點金屬色澤的綠光，其實這是正常現象。因為牛肉本身富含礦物質，例如：鋅、鐵…等微量元素，當這些礦物質被光線折射後，就會有類似「稜鏡的光反應」，而出現帶有金屬光澤的色彩。容易讓肉塊出現綠光的部位，常見於牛腱、牛腿…。

除了綠光，牛肉裡的其他成分也可能產生出不同色彩，像是金粉色、金黃色、帶金的綠色…等，只要確認過肉品本身沒有腐敗氣味或帶有不正常的黏液的話，這些有顏色的金屬光就是正常狀態，無需擔心。

Q15

煮泡菜牛肉鍋時，肉片為何一直是粉色？

有些消費者會提到，用韓式泡菜和牛肉片一起烹調時，肉片會呈現粉嫩的紅色，就算煮久一點也無法立刻消失，這是因為亞硝根類的食材會讓牛肉一直維持粉紅的色澤。除了韓式泡菜之外，白蘿蔔、菠菜…這些食材若和牛肉同煮，也會讓肉色呈現粉紅，不是因為牛肉煮不熟，這部分可以放心。

Q16

什麼是牛肉熟成？

牛肉的熟成分為「濕式熟成」和「乾式熟成」兩種形式，牛肉熟成的目的是為了讓牛肉的風味更好，為此需要時間靜置肉品，就像紅酒、起司一樣，經過等待才會更加好吃。

· 濕式熟成（Wet Aging）

在肉品切割處理後，以真空方式保存肉品，放入0-4℃、濕度80-85%的冷藏環境中，讓肌肉之中的蛋白酵素發揮作用，繼續軟化肉質的纖維，約為7-28天。一般在大型超市可以買到這樣的濕式熟成牛肉包裝。

· 乾式熟成（Dry Aging）

分切牛肉後，置於0℃左右、濕度50-85%的熟成室中，空間裡必須保持空氣流動、控制溫度與濕度的狀態，並有專業人員進行監控肉品變化過程。牛肉本身有豐富的蛋白質會與微生物起作用，在放置20-45天後，肉塊的外層水分和皮表的油脂會蒸發而產生乾燥的表面外殼，導致最終的牛排肉重會減少約3成左右，而乾燥的表面外殼必須削切掉才能做烹調。

相較於濕式熟成的牛肉，有些人特別喜歡乾式熟成，是因為乾式熟成後的肉塊有其獨特的風味與口感，而表面外殼能保護內部水分不散失、仍能軟嫩鮮甜，同時使油花和肉汁更緊密在一起。若下鍋烹調後，會發現肉品表面比較香脆、而內部風味醇厚。常被用作乾式熟成的牛肉部位包含丁骨、帶骨肋眼…等。

肉舖的小知識

可以自己做肉品熟成處理嗎？

一般家用冷藏設備的溫度控制並不穩定，因為我們每天冰箱開開關關，不僅濕度不見得合乎標準、溫度也會變動。所以不建議使用家中的冰箱進行乾式熟成。不過倒是可以嘗試看看濕式熟成，其實只要把尚未拆封的真空包裝冷藏肉放入冷藏庫中儲放，就算是濕式熟成的過程喔！

Q17

如何選擇肉品部位對應料理需求？

為了讓料理有最佳風味，選對牛肉部位有利於讓烹調後的成品更加好吃。對於在家烹調者，煎烤煮炒炸都是常見的方式，對應的肉品部位如下：

A 煎、烤：

菲力、肋眼、沙朗…等，這些原本就適合烹調牛排的部位都可用於煎、烤料理。煎烤的時候要依厚度來調配烹調時間。切成1.5公分到2公分厚，適合一般的煎烤；如果是厚切或整塊烹調的話，建議先以平底鍋大火煎一下封鎖住肉汁，再放入烤箱烘烤。

B 燉煮：

腿部、牛腱、牛尾、肋條…等部分是牛隻身上運動量大、筋絡多的部位，因此適合長時間燉煮。

C 中式熱炒：

肩胛里肌（Chuck Tender）和後腿股肉（Knuckle）屬於瘦肉多的部位，很適合切成薄片或肉絲來熱炒。

D 炸：

世界各國都有炸牛排料理，比較沒有固定選用哪一個部位的牛肉。例如奧地利的「維也納炸牛排」選用的是22週以下的小牛肉；美國的「鄉村炸牛排」選用價格實惠的肩胛、腿肉，兩者都會在牛肉表面上裹粉，再下鍋油炸，但配方不同。而日式的「炸牛排」也是裹粉後下鍋油炸，有些店家會選用油花豐富的和牛，快速油炸後1分鐘後就可起鍋。

肉舖的小知識

關於肉的梅納反應

煎牛排時，通常會希望它產生梅納反應，以產生香氣、讓表面有點焦褐色。所謂的梅納反應，是指肉的蛋白質與醣類被高溫加熱（約140-150℃）之後，會產生「酶褐變」，此時會有香氣冒出。但梅納反應的時間不宜長，所以烹調牛排時，鍋子需到達一定溫度，才能下鍋，在短時間內順利讓肉塊產生梅納反應。

BEEF CONSUMPTION
VS. FOOD CULTURE

關於牛肉的世界飲食

生酮飲食與牛肉

在台灣，生酮飲食是這幾年相當受到關注的飲食方式，是指「高脂肪、適量蛋白質、低碳水化合物」的飲食組合，遠在140年前，當時是用於治療癲癇的飲食方式。目前有部分研究證實，生酮飲食對腦神經相關疾病以及醣類代謝疾病有幫助。除此之外，生酮飲食還能降低心血管疾病發生率，嘗試此飲食法的人覺得有瘦身的效果…等，因而成為一種飲食法的選項。

生酮飲食專家主張，這類飲食的最佳食物攝取來源就是多吃肉，尤其是採取天然放牧的草飼牛肉，例如紐西蘭、澳洲、尼加拉瓜或巴拉圭的草飼牛。以天然放牧方式飼養且吃牧草長大的草飼牛，和其他肉相較之下，低脂、低熱量、蛋白質豐富，且富含多元不飽和脂肪酸Omega-3。但是，生酮飲食並不是每個人都適合，在實行之前，必須經過醫師等專業人士的評估及把關，且必須定期監控肌肉量、體脂肪、水分…等數值。如果長期以不當方式實施生酮飲食，恐怕會造成營養失調及肝腎負擔等問題，先衡量自己的身體狀況再判斷是否合適該飲食法為佳。

一般飲食與生酮飲食攝取營養比例

營養素	一般飲食	生酮飲食
脂肪	約 25%–35%	約 70–80%
蛋白質	約 15%	約 20–25%
碳水化合物	約佔 50%–65%	約 5–10%

伊斯蘭教的 HALAL 與牛肉飲食文化

HALAL（清真）是從阿拉伯語演變而來，原意為「允許的」或「合法的」。伊斯蘭教的特別之處在於將教義具體體現於生活，對於飲食也有嚴明的戒律，皆來自於《可蘭經》與聖訓。早期教徒可以輕易從食物外觀判別食物是否合乎戒律。但是隨著時代發展，各國之間的商業貿易往來流通，食物的來源變得非常複雜，於是開始有了清真認證的需求。

清真認證的查驗稽核之責任，大多為各當地穆斯林機構結合教法學者以及食品、營養專業人士擔負。通過清真認證的食品會被標示清真標記，作為伊斯蘭教徒辨別的一大準則。在台灣，取得清真認證的肉品必須經過嚴密考察，才能獲得清真認證的 LOGO。肉品包裝上面的 "C" 字，代表 "CUT"，"B" 和 "L" 代表牛和羊的認證。此外，為取得 HALAL 的肉品認證，在處理過程中還有許多必須遵守的細節。

屠宰：屠夫必須為穆斯林身份，屠宰過程需進行放血儀式。屠宰之前要將牛電暈，屠刀必須鋒利，不能讓牛痛苦的死亡。

切割：刀具必須專用於 HALAL 肉品，不能跟非 HALAL 肉品混用。

包裝：需附上清真認證符號，包裝上的設計不能有 Pork 字樣，避免產生誤解。

保存：需有獨立的倉儲空間與冷藏／冷凍設備，與非 HALAL 肉品區隔開來。

運送：在商品運送上，不可以與非 HALAL 肉品同車，需區隔開來並獨立運送。

店舖陳設：取得清真認證的店家，需有獨立冷凍設備，而且在 HALAL 肉品展售的附近不可擺放酒類商品，因為穆斯林必須遵守不飲酒的戒律。

BEEF MASTER

ORIGINAL RECIPES AND COOKING TIPS

PART2

原味牛肉料理與烹調法

不同的牛肉部位有各自的口感特色，本章節介紹
如何運用肋眼、菲力、牛小排、牛腱、牛尾、戰
斧牛排…等部位做出原味料理，簡單烹調就能突
顯出肉本身的絕佳風味。

01#

羅勒青醬肋眼牛排

Grilled Rib-eye Steaks with Pesto Sauce

〔材料〕

· 羅勒青醬

烘過的松子或杏仁⋯20g
羅勒葉或九層塔葉⋯20g
蒜仁⋯10g
帕瑪森起司粉⋯5g
鹽⋯1g
初榨橄欖油⋯60ml

· 配菜

佛卡夏麵包⋯1塊
小番茄⋯50g（剖半）
黃櫛瓜⋯50g（切片）
洋蔥⋯10g（切絲）
黑橄欖⋯10g（切片）
羅勒葉或九層塔葉⋯10片
羅勒青醬⋯10ml

· 煎肋眼牛排

肋眼牛排⋯300g
粗粒黑胡椒⋯1/8茶匙
橄欖油⋯1茶匙
羅勒青醬⋯2茶匙

〔作法〕

1 製作羅勒青醬
　用電動攪拌棒將所有食材攪勻，備用。

2 製作配菜
　a 烤箱預熱至200℃，放入整塊佛卡夏麵包烤5分鐘，將烤好的麵包撕成約一口大小後盛盤。
　b 將小番茄、黃櫛瓜片、洋蔥絲、黑橄欖片、羅勒葉放入攪拌盆，加入羅勒青醬混拌均勻後盛盤。

3 煎肋眼牛排＋盛盤
　a 拆封牛排包裝，置於室溫下10分鐘以上。
　b 用廚房紙巾擦乾牛排表面血水，均勻撒上粗粒黑胡椒，用手按壓使其附著。
　c 加熱平底鍋，倒入橄欖油，以大火熱鍋，將牛排煎至喜好熟度後關火。
　d 起鍋前，在牛排表面均勻塗抹上羅勒青醬，利用鍋子餘溫快速煎出香氣後即可盛盤。

CHEF SAYS

先擦乾牛排表面血水
擦乾血水可使調味料較易附著在牛排表面，亦可防止下鍋後產生油爆現象。

02#

烙烤牛排佐白酒蘑菇醬

Grilled Steak with
White Wine Mushroom Sauce

〔材料〕

· 白酒蘑菇醬

橄欖油…2 茶匙

洋蔥…30g（切碎）

粗粒黑胡椒…1/8 茶匙

鹽… 1/8 茶匙

奶油…10g

蘑菇…50g（切片）

白酒…15ml

鮮奶油… 100ml

· 配菜

橄欖油…2 茶匙

蒜仁…10g（切片）

小番茄…50g（切片）

綠花椰菜…100g（切小朵）

鹽…1/4 茶匙

粗粒黑胡椒…1/8 茶匙

奶油…5g

· 烙烤肋眼牛排

紐西蘭肋眼牛排…300g

橄欖油…1 茶匙

鹽…1/4 茶匙

粗粒黑胡椒…1/8 茶匙

〔作法〕

1 製作白酒蘑菇醬

a 加熱平底鍋，倒入橄欖油，以小火熱鍋，
依序放入洋蔥切碎、粗粒黑胡椒、鹽，炒
至洋蔥呈現半透明狀。

b 加入奶油、蘑菇片拌炒均勻。

c 倒入白酒，拌炒出酒香後倒入鮮奶油，均
勻拌炒至沸騰後關火，備用。

2 製作配菜

加熱平底鍋，倒入橄欖油，以小火熱鍋，放
入蒜片炒出香氣，接著放入剩下的配料，拌
炒至綠花椰菜顏色變深後起鍋。

3 烙烤肋眼牛排＋盛盤

a 拆封牛排包裝，置於室溫下需10分鐘以上。

b 用廚房紙巾擦乾牛排表面血水，淋上橄欖
油、用手抹勻後，再均勻撒上鹽與粗粒黑
胡椒，用手按壓使其附著。

c 以中火加熱橫紋烤盤，將牛排煎至喜好熟
度取出，和配菜一起盛盤。

PART 2

03#

酥炸牛小排佐甘藍菜沙拉

Bacon Wrapped Filet with Sage Cream Sauce

〔材料〕

· 奶油培根醬

培根…30g（切碎）

洋蔥…30g（切碎）

蒜仁…10g（切碎）

粗粒黑胡椒…1/8茶匙

乾燥辣椒片…1/4茶匙

有鹽奶油…10g

低筋麵粉…1/4茶匙

鮮奶油…100ml

· 甘藍菜沙拉

高麗菜…100g（切絲）

紫高麗菜…20g（切絲）

羽衣甘藍菜…20g（切絲）

紅蘿蔔…20g（切絲）

美乃滋…50g

黃芥末醬…10ml

芥末籽醬…5ml

· 酥炸牛小排

無骨牛小排…300g

鹽…1/4茶匙

粗粒黑胡椒…1/8茶匙

低筋麵粉…適量

全蛋…1顆（打散）

麵包粉…適量

〔作法〕

1 製作奶油培根醬

a 將培根碎放入鍋中，不需加油，直接以小火炒出油脂。

b 依序放入洋蔥碎、蒜碎、粗粒黑胡椒、乾燥辣椒片，炒至洋蔥呈現半透明狀。

c 加入奶油及低筋麵粉拌炒均勻，再倒入鮮奶油拌勻炒至沸騰後關火，備用。

2 製作甘藍菜沙拉

將高麗菜絲、紫高麗菜絲、羽衣甘藍菜絲、紅蘿蔔絲放入攪拌盆中，加入美乃滋、黃芥末醬、芥末籽醬混拌均勻後盛盤。

3 酥炸牛小排＋盛盤

a 拆封牛排包裝，置於室溫下需10分鐘以上。

b 備一油鍋，預熱至170-180℃，先以竹筷測試油溫。

c 用廚房紙巾擦乾牛排表面血水，兩面均勻撒上鹽、粗粒黑胡椒，用手按壓使其附著。依序裹上低筋麵粉、蛋液、麵包粉，油炸

d 至麵衣金黃酥脆即可起鍋，用廚房紙巾吸油後，和甘藍菜沙拉一起盛盤。

CHEF SAYS

炸約1分15秒即接近七分熟

1. 市售牛小排厚度約1.0-1.5公分間，以170-180℃油炸1分鐘至1分半，即可達到五至七分熟左右，是此道料理的建議熟度。

2. 家裡無溫度計時，用竹筷放入熱油中，若10秒內冒出快速密集的小泡泡即為170-180℃。

04#

鼠尾草奶油培根菲力

Bacon Wrapped Filet with Sage Cream Sauce

〔材料〕

· 煎菲力牛排

菲力牛排⋯200g

培根⋯2條

橄欖油⋯1/2茶匙

奶油⋯20g

鼠尾草⋯10片

· 配菜

澳洲白皮馬鈴薯⋯1顆（蒸熟後剖半）

小番茄⋯5顆（剖半）

蘑菇⋯5顆（剖半）

蘆筍⋯5根（削除根部老皮）

鹽⋯適量

黑胡椒⋯適量

〔作法〕

1 煎菲力牛排

a 拆封牛排包裝，置於室溫下需 10 分鐘以上。

b 用廚房紙巾擦乾牛排表面血水，側邊用培根圍繞包覆後以牙籤固定。

c 加熱平底鍋，倒入橄欖油，以中火加熱，先將牛排兩面煎至焦糖色，再將側面的培根煎至焦糖色。

d 轉小火，放入奶油及鼠尾草，待奶油溶化後，不時澆淋在牛排上增加風味，煎至喜好熟度後盛盤。

2 製作配菜＋盛盤

加熱平底鍋，倒入橄欖油，以小火熱鍋，將所有配菜的表面煎至略帶焦糖色，即可起鍋，和煎好的牛排一起盛盤，再依個人口味撒上鹽和黑胡椒。

CHEF SAYS

澆淋奶油滲入牛肉組織裡才會香

把融化的奶油淋在肉上，不僅可讓整塊肉充滿香草與奶油香氣，亦可加速熟化速度。

05#

丁骨牛排佐薄荷油醋醬
T-bone Steak with Mint Vinaigrette

〔材料〕

· **薄荷油醋醬**
薄荷葉…5g（切碎）
蒜仁…5g（切碎）
芥末籽醬…5ml
蜂蜜…10ml
白酒醋…100ml
初榨橄欖油5ml

· **北非小米飯**
北非小米…80g
鹽…1g
滾水…100g

· **烙烤蔬菜**
玉米筍…5根（剖半）
綠櫛瓜…5片（切片）
紅甜椒…5條（切條）
橄欖油…1茶匙
鹽…1/4茶匙
粗粒黑胡椒…1/8茶匙

· **烙烤丁骨牛排**
丁骨牛排…1塊
橄欖油…1茶匙
摩洛哥香料…2茶匙

〔作法〕

1 製作薄荷油醋醬
將所有材料混合拌勻成醬，備用。

2 沖泡北非小米
將北非小米加鹽攪拌，沖入滾水，蓋上鍋蓋
靜置備用（至少5分鐘）。

3 烙烤蔬菜
a 玉米筍、綠櫛瓜片、紅甜椒條放入攪拌
　盆中，加入橄欖油、鹽、黑胡椒混勻。
b 以中火加熱橫紋烤盤，鋪上所有蔬菜，
　烤出烙痕後取出，備用。

4 烙烤丁骨牛排＋盛盤
a 拆封牛排包裝，置於室溫下10分鐘。
b 用廚房紙巾擦乾牛排表面血水，均勻塗
　抹上橄欖油、摩洛哥香料，烙烤至喜好
　熟度後盛起。
c 用叉子將北非小米翻鬆，和烙烤蔬菜、
　丁骨牛排一起盛盤即完成。

06#

韓式蘋果醬烤戰斧牛排

Tomahawk Steak with Korean Style Apple Sauce

〔材料〕

· 韓式蘋果烤肉醬＋醃肉

紅蘋果…130g（去皮切片）

洋蔥…30g（切丁）

蒜仁…15g

老薑…5g

醬油…2 湯匙

米酒…1 茶匙

香油…1 茶匙

砂糖…1/4 茶匙

戰斧牛排…500g

· 煎烤戰斧牛排

橄欖油…1 湯匙

· 配菜

闊葉萵苣或蘿蔓生菜…適量

蘋果片…適量

韓式泡菜…適量

韓式辣醬…適量

〔作法〕

1 製作韓式蘋果烤肉醬＋醃肉

a 用電動攪拌棒將所有內容物攪勻，倒入夾鏈袋。

b 用廚房紙巾擦乾牛排表面血水，放入步驟a的夾鏈袋中，均勻裹上韓式蘋果烤肉醬，醃漬6-24小時，醃漬越久越入味。

2 煎烤戰斧牛排＋盛盤

a 用廚房紙巾擦掉牛排表面的醃料，置於室溫下回溫10分鐘以上，同時間將烤箱預熱至 180 ℃。

b 以中火加熱平底鍋，於戰斧牛排表面刷上一層橄欖油，將表面煎至略帶焦糖色後取出。

c 放入烤箱，烘烤至喜好熟度後取出，盛盤。

d 用闊葉萵苣或蘿蔓生菜包覆戰斧牛排、泡菜、蘋果片、韓式辣醬一起食用。

CHEF SAYS

先刷上橄欖油是為了讓肉色澤更美

1.由於戰斧牛排體積較大，鍋煎時容易有煎不到的死角，於牛排表面刷油，可讓這些死角處在烘烤時烤出漂亮色澤。

2.醃漬過的牛排容易在鍋煎的過程中焦化，要多注意火候控制。

07#

清燉牛尾椰菜蒟蒻絲
Oxtail and Broccoli Konjac Stew

PART
去皮牛尾

生酮適用

〔材料〕

· 鍋底
牛番茄…300g（切塊）
高麗菜…300g（切片）
老薑…30g（切片）
鹽…1 茶匙
白胡椒粉…1/4 茶匙
水…1000ml

· 前處理牛尾
紐西蘭去皮牛尾…1000g
水…1500ml
米酒…2 湯匙

· 配料
蒟蒻絲…100g
鴻喜菇…100g
羅馬花椰菜或白花椰菜…100g

〔作法〕

1 製作鍋底
在湯鍋依序加入所有鍋底材料，備用。

2 前處理牛尾＋燉煮
a 將牛尾沖水洗淨後放入湯鍋，倒入冷水及米酒，以小火慢慢加熱至水面起水蒸氣白煙後關火。
b 取出牛尾，沖冷水洗淨後再放入有蔬菜的湯鍋中。
c 加蓋燉煮2小時，直到牛尾軟嫩為止。

3 加入配料
以滾水鍋氽燙蒟蒻絲1分鐘，取出後沖水、瀝乾，再放入有蔬菜與牛尾的湯鍋中。加入鴻喜菇、羅馬花椰菜或白花椰菜，加蓋續燉煮3分鐘即可關火。

CHEF
SAYS

跑活水後沖冷水可避免牛腥味，並讓湯頭更加清澈
燉煮牛尾前，先跑活水再沖水洗淨，可避免殘留於骨縫間血水所造成的牛腥味，亦可讓湯頭更加清澈。

更多了解⋯

1. 甩打肉團是為擠壓出多餘空氣並且增加肉的黏著性，避免烹調時散開；但甩打動作不宜過度，以免肉排口感過於紮實。
2. 在肉團裡加入蘑菇碎，可以提升肉排濕潤度，亦能增添肉排風味。
3. 每家的烤箱廠牌、型號不同，加熱效能會有所差異，建議可先設定8分鐘試烤，再行斟酌調整。
4. 沒有用完的酪梨，可淋上檸檬汁後保存，以防止氧化變黑。

08#

雲朵蛋酪梨漢堡排
Cloud Egg Avocado Burger

〔材料〕

· 漢堡排

牛絞肉…150g

蛋白…1茶匙

蘑菇…15g（切碎）

巴西利切碎…3g

鹽…1/8茶匙

粗粒黑胡椒…1/8茶匙

橄欖油…適量

· 配菜

橄欖油…適量

洋蔥…20g（切絲）

大蒜…5g（切碎）

甜椒…50g（切片）

櫛瓜…50g（切片）

蘑菇…50g（切片）

鹽…1/4茶匙

粗粒黑胡椒…1/8茶匙

· 雲朵蛋

雞蛋…1顆

鹽…適量

黑胡椒…適量

帕瑪森起司粉…適量

· 配料

酪梨…1顆

〔作法〕

1 製作漢堡排

a 將所有材料（鹽除外）混合均勻並捏成團，甩打數下後搓揉成扁圓形，厚度約1.5cm，整形至邊緣不裂開即可。

b 加熱平底鍋，倒入橄欖油，以中火加熱，撒鹽調味漢堡排後放入鍋中，將表面煎至焦糖色後翻面，煎至肉排表面開始冒出透明肉汁即可起鍋，時間約3分30秒至4分鐘。

2 製作配菜

煎漢堡排的同時，同鍋放入所有配菜材料拌炒，以鹽和黑胡椒調味，待洋蔥軟化後盛起（若煎肉排過程已殘留下焦化物的話，需洗淨鍋子再炒配菜）。

3 製作雲朵蛋

a 將烤箱預熱至180℃。

b 打蛋後只取蛋白，以打蛋器打至硬性發泡，移至烤盤上塑形。

c 用湯匙背面在蛋白上輕壓出凹槽，放上蛋黃，撒上鹽、黑胡椒、帕瑪森起司粉，烘烤8-10分鐘後取出，備用。

4 加上配料＋盛盤

準備盛盤，先用配菜襯底，在漢堡排依序放上酪梨切片、雲朵蛋即完成。

09#

義式烙烤肋眼薄片
Italian Style Grilled Rib-eye Steak

〔材料〕

· 烙烤肋眼薄片

紐西蘭肋眼薄片…250g（0.5-1cm）

橄欖油…1 茶匙

肋眼薄片…250g（0.5-1 公分）

鹽…1/4 茶匙

粗粒黑胡椒…1/8 茶匙

· 配菜

芝麻菜…30g

蘑菇…50g（切片）

小番茄…50g（剖半）

烤過的堅果…數顆

帕瑪森起司薄片…適量

初榨橄欖油…適量

巴薩米克醋…適量

鹽…適量

粗粒黑胡椒…適量

〔作法〕

1 烙烤肋眼薄片

a 拆封牛排包裝，置於室溫下需 10 分鐘以上。

b 用廚房紙巾擦乾牛排薄片表面血水，於兩面均勻抹上橄欖油、鹽、粗粒黑胡椒。

c 以中火加熱橫紋烤盤，將牛排薄片烤至喜好熟度後即可盛起。

2 製作配菜＋盛盤

將牛排薄片放入盤中，依序擺上芝麻菜、蘑菇片、小番茄、堅果、帕瑪森起司薄片，並依個人口味，以適量鹽、黑胡椒、初榨橄欖油、巴薩米克醋調味即完成。

PART 2

10#
西班牙甜椒燉牛腱
Paprika Beef Shank Stew

〔材料〕

· 鍋底

牛番茄…300g（切塊）

高麗菜…300g（切片）

黃甜椒…300g（切片）

青椒…300g（切片）

煙燻甜椒粉…1茶匙

鹽…1茶匙

粗粒黑胡椒…1/4茶匙

罐裝番茄碎…1罐

水…500ml

· 煎腱子心

橄欖油…1湯匙

紐西蘭腱子心…800g（切塊2cm）

雪莉酒或白酒…100ml

〔作法〕

1 製作鍋底

在湯鍋中依序加入鍋底材料，備用。

2 煎腱子心＋燉煮

a 用廚房紙巾擦乾腱子心表面血水。

b 加熱平底鍋，倒入橄欖油，以大火加熱，
先將腱子心表面煎至略帶焦糖色。

c 倒入雪莉酒或白酒拌煮至沸騰，倒入已有
蔬菜的湯鍋中，加蓋燉煮至少2小時，直
到腱子心軟嫩即完成。

CHEF SAYS

先煎腱子心表面，讓風味更多層次

將腱子心表面煎至略帶焦糖色的最主要目的，是為了要產生梅納反應，
更增添料理風味層次。

COOKING TIPS

主廚的牛肉烹調秘訣

Q 冷凍肉如何前處理再下鍋？

要烹調冷凍肉品之前，建議從冷凍庫移至冰箱冷藏室，讓肉慢慢解凍，千萬不要臨時拿出冷凍肉品做強制解凍（例如直接沖冷水、使用解凍板…等），或是直接置於室溫下解凍。因為溫度變化太快，會導致肉裡的血水大量流失，不利於下鍋後的烹煮，導致肉質容易變得乾柴。

無論是牛排以及需要煎出香氣的牛肉料理，除了讓肉確實解凍、回到一般的軟硬度之外，在烹調前先置於室溫下回溫，因為肉的溫度越高，下鍋之後會越容易煎出香氣，也較容易掌控熟度。

註：回溫時間依肉的厚度而定，比方1cm ／10分鐘以上，2cm ／20分鐘以上，3cm ／30分鐘以上，依此類推，這些數值並非絕對，也不是定律，只是方便大家操作的參考。

此外，家用設備的火力遠遠不及營業用設備，鍋具的厚度也與餐廳煎檯煎板的厚度相去甚遠，這些都會關係到烹調時的加熱效能與成品，因此在家煎肉前先讓肉回溫是特別重要的。

牛肉烹調秘訣

Q 在家煎牛排時，如何煎得漂亮和掌握熟度？

首先，煎牛排之前一定要將牛排放置於室溫下回溫，這是大家最容易忽略，卻也是最直接影響到熟度控制的重要因素，再來得把煎鍋燒到非常高溫，選用厚底不銹鋼鍋或鑄鐵鍋尤佳，鍋子溫度要夠（接近冒煙的狀態，或是滴入少量的水會結成水珠在鍋面跳動），這樣牛肉下鍋後才不會一直滲出肉汁，導致整塊牛排最後乾巴巴的。

牛排下鍋後，如果發現肉的周圍一直冒泡泡、有水分冒出，代表鍋子溫度不夠，得先把肉取出來，洗淨煎鍋並再次加熱至足夠的程度，再繼續煎肉的程序（洗鍋是為了去除鍋面殘留的蛋白質，若不洗鍋而續煎的話，牛排表面會沾上焦掉的蛋白質）。

還有，牛排剛下鍋時，別急著去翻動它，如此會讓正在煎的肉表面溫度降低，影響牛排的色澤與香氣。若是烙烤牛排，更是不要一直翻動，這樣烙紋才會呈現漂亮的菱格狀。牛排翻面的時間點可參考附表二。

煎好牛排或肉排後，先放置在網架或是溫熱過的盤子上，讓肉靜置10分鐘，肉汁才會回滲到組織裡，太快切開的話，細心呵護的肉汁就會流失掉了，牛排靜置時雖然已經離火，但表面熱度仍會讓中心溫度上升2至5℃，記得把這溫度變化也納入設定熟度的考量。

不過，其實牛排熟度的界定沒有標準答案，就連世界名廚們對於熟度的判別也各有見解，附表一是集各家大成所歸納出的簡易判別法，提供大

附表一：常見的熟度判斷

熟度	切面顏色	中心溫度
一分熟	90% 血紅色	45℃
三分熟	60% 血紅色	50℃
五分熟	30% 血紅色	55℃
七分熟	粉紅色	65℃
全熟	灰色	70℃

家做參考，在此也分享兩種掌控熟度的方式，讓大家有所依循的建立出屬於自己的經驗值，在家煎牛排會更有樂趣、更上手。

方法1　調整烹調時間來控制熟度

如果家裡沒有溫度計，可參考附表二，先選擇自己期望的牛排熟度，再以該熟度之牛排厚度去設定烹調時間，再開始進行烹調。烹調完成後，比對落差並做記錄，慢慢地就可調整出合適的烹調時間，進而達到熟度控制的目的。如果翻面牛排時發現表面已有焦化現象，表示鍋溫過高、需做調整，記得把它紀錄下來作為日後參考（電磁爐或黑晶爐可直接記錄火力刻度；若是瓦斯爐，則可在旋鈕轉向的角度做記號，或貼個貼紙註記）。

附表二：以烹調時間評估

牛肉規格：US CHOICE 肋眼，重量 300g ，厚度 2cm

回溫後中心溫度：20℃（室溫 30℃，靜置 30 分鐘）

煎鍋預熱溫度： 250℃；
使用飛利浦黑晶爐 HD4413(1500W)／火力 7／預熱 4 分鐘

煎完靜置時間：10 分鐘

熟度	切面顏色	中心溫度	切面顏色
熟度	厚度 1.5cm	厚度 2cm	厚度 2.5cm
一分熟	每面 30 秒	每面 45 秒	每面 1 分鐘
三分熟	每面 45 秒	每面 1 分鐘	每面 1 分 15 秒
五分熟	每面 1 分鐘	每面 1 分 15 秒	每面 1 分 30 秒
七分熟	每面 1 分 15 秒	每面 1 分 30 秒	每面 1 分 45 秒
全熟	每面 1 分 30 秒	每面 1 分 45 秒	每面 2 分鐘

方法2 量測中心溫度來控制熟度

如果非常在意熟度的精準，建議買一支筆型探針溫度計或有連接線可插入烤箱內牛肉的探針溫度計來掌控溫度。請參考附表三，先選擇自己期望的牛排熟度，再以該熟度之中心溫度做為預設值，再開始烹調。烹調完成後，比對落差並做記錄，慢慢地就能統整出喜好的溫度區間。雖然是用溫度計來掌控熟度，但仍可紀錄下火候大小和烹調時間做參考。

不管是選擇哪一種方法，下次烹調規格相近的牛排時，回溫中心溫度或時間、火候大小、煎完的靜置時間都要盡量保持一致，如此才能有相近的烹調成品。

註：
1 若是使用橫紋烤盤烙烤牛排的話，切記不宜太過高溫，否則肉塊上的烙痕處易焦黑、有苦味。
2 冰冷的盤子也會讓煎好的肉排降溫太快，導致肉汁流失，並失去整道料理應有的溫熱感；可利用烤箱設定70℃烘烤4分鐘或是泡熱水的方式進行溫盤。的溫度，以手能拿取的熱度為準。

附表三：以肉的中心溫度評估

牛肉規格：US CHOICE 肋眼，重量 300g ，厚度 2cm

回溫後中心溫度：20℃（室溫 30℃，靜置 30 分鐘）

煎鍋預熱溫度：250℃ ；使用飛利浦黑晶爐 HD4413(1500W) ／火力 7 ／預熱 4 分鐘

煎完靜置時間：10 分鐘

熟度	中心溫度
一分熟	45℃
三分熟	50℃
五分熟	55℃
七分熟	65℃
全熟	70℃
全熟	每面1分30秒

Q 搭配牛排料理的鹽品與香料使用？

為了增添肉的風味，特別是牛排料理，通常會使用不同鹽品或香料來輔助，這部分主要看個人喜好。以鹽品來說，雖然一般的精鹽就能幫牛排做調味，但有的人可能覺得略有碘的味道，而改用海鹽、玫瑰鹽、岩鹽、香料鹽…等，以增加不同的味覺體驗。在香料的部分，綜合胡椒、現磨黑胡椒皆能增加肉的香氣，特別是綜合胡椒，因為有白、紅、綠胡椒…等一同混合，所以香味會更多層次。

而新鮮香草的選用上，最常見到的是迷迭香、百里香、鼠尾草，建議大家買小盆的香草在家自己種，隨時方便取用。請於煎牛排的同時或是起鍋後再加，皆能增添香氣。但如果是乾燥香料，就需藉由鍋子升溫的方式讓香氣散發出來，所以需於烹調過程中就先添加。

用不完的新鮮香草可放入保鮮盒、夾鏈袋裡密封，放冰箱冷凍，大約於1個月內使用完畢即可，雖然顏色會變得不鮮綠，香氣幾乎都不太會跑掉（但此方法不適用於水分含量高的香草，例如：巴西利或是羅勒，因為解凍後葉子會變得爛爛的）。

Q 燉牛腱的小秘訣是什麼？

如果希望燉滷後的牛腱成品是像外面餐館所售、能看到漂亮切面，或是可以切得很薄來吃的話，建議要整塊下鍋烹煮，但花費的時間會比較長一些。若只是想做簡單的牛腱料理，可以切厚塊（約2cm，或依個人喜好再增加）再烹調。

燉煮牛腱時，細火慢燉為最主要重點。以鑄鐵鍋燉牛腱來說，先於鍋底鋪滿洋蔥塊、番茄塊…等含水率比較高的食材，接著放入肉塊、根莖類蔬菜塊，最後倒入至8分滿的水量（水過多的話，燉煮時容易溢出），以微火煮約2小時左右，讓鍋中一直保持小滾的狀態。

開始燉煮後，過程中需要不時關心一下鍋中的水量是否足夠、湯汁有沒有蓋過肉塊，視情況每半小時翻動一下肉，好讓受熱更加均勻。

Q 如何製作多汁的漢堡排？

製作漢堡排時，通常我會用麵包粉、牛奶與牛絞肉一同混合，藉由麵包粉吸取牛奶，能提升絞肉的濕潤度、讓肉排更加多汁，特別是如果買到的牛絞肉比較瘦的話，可以用這個方式。在製作漢堡排時，切勿過度摔打絞肉，以免肉質變得過於紮實，這樣就感受不到肉的鬆軟口感和多汁了。

如果，購買油脂比較豐富的牛絞肉來製作，能有助於增加肉的濕潤與滑口度。用這樣的牛絞肉製作肉排時，會發現手上的肉排出現類似毛邊的感覺，因為手溫會讓油脂稍微融化的緣故，大家可依自己喜愛的肥瘦度來選擇合適的牛絞肉。

煎漢堡排時，一樣要待鍋子溫度夠熱，才放肉排下鍋煎，如此才能煎出香氣。煎的過程中，不要用鍋鏟一直去壓肉，以免肉汁流失。還有，加鹽的時間點也很重要，需於漢堡排要下鍋前或下鍋後才加鹽，因為若在肉排製作過程中加的話，容易讓肉的蛋白質變硬。

Q 如何處理牛尾？

相較於牛隻身上的其他部位來說，牛尾的肉味比較濃郁一些，建議用「跑活水」的方式先做去腥處理，再接續後面的烹調程序。先準備一鍋冷水，放入洗淨的牛尾（做西式料理的話，加一點白酒的去腥效果會更好，比例為1500ml的水兌上1至2湯匙白酒，若是中式料理，就改加料理米酒），以小火慢慢加熱，直到至水面開始冒白煙的程度，此時就可關火了。比起一般的汆燙方式，「跑活水」會讓血水、雜質慢慢釋出，這方式同樣也適用於其他肉類去腥。

除了跑活水，如果是煎或烤牛尾的話，可在起鍋前淋一些白酒、燒至收汁，也能幫助去腥，同時把殘留在烤盤上的肉汁溶出。

牛肉烹調秘訣

BEEF MASTER

DAILY RECIPES
AND COOKING TIPS

PART3

日常的牛肉料理與烹調法

家常的牛肉料理很多樣，本篇章用主廚的料理法
和私房配方，教大家在家可以跟著實作百吃不厭
的美味，像是熱炒、煮湯、做沙拉、煮咖哩、燉
牛肉、做三明治…等，甚至牛肉乾也能自己嘗試
烘烤喔。

01#

XO醬蔥爆牛肉炒飯

XO Sauce Fried Rice with Green Onion and Beef

PART
牛後腿

〔材料〕

· 蛋炒飯

雞蛋…1顆

鹽…1/4茶匙

白胡椒粉…1/8茶匙

冷飯…200g

橄欖油…1茶匙

· XO蔥爆牛肉絲

牛肉絲…100g（切3cm）

醬油…1/2茶匙

香油…1/2茶匙

白胡椒粉…1/8茶匙

太白粉…1茶匙

橄欖油…1茶匙

蒜仁…10g（切片）

洋蔥…20g（切絲）

青蔥…50g（切3cm段）

辣椒…10g（斜切片）

XO醬…1湯匙

〔作法〕

1 製作黃金炒飯

a 將雞蛋、鹽、白胡椒粉先攪拌均勻，倒入冷飯中混和均勻，讓每粒米飯均附著蛋液。

b 加熱炒鍋，倒入橄欖油，以小火熱鍋，將混合蛋液的白飯炒至粒粒分明後起鍋，備用。

2 炒牛肉絲＋混拌炒飯

a 將牛肉絲、醬油、香油、白胡椒粉、太白粉混合均勻。

b 加熱炒鍋，倒入橄欖油，以中火熱鍋，將牛肉絲炒開。

c 加入蒜片、洋蔥絲、青蔥段、辣椒片、XO醬，轉大火快速拌炒至洋蔥半透明即可關火。

d 倒入黃金蛋炒飯混拌均勻後即可起鍋盛盤。

02#

沙茶彩椒牛肉絲

Shredded Beef, Sweet Pepper with
Chinese Barbecue Sauce

〔材料〕

牛肉絲…100g（切3cm）
醬油…1/2茶匙
香油…1/2茶匙
白胡椒粉…1/16茶匙
太白粉…1茶匙
橄欖油…1茶匙
蒜仁…10g（切片）
洋蔥…20g（切絲）
青椒…60g（切圈）
紅甜椒…60g（切圈）
黃甜椒…60g（切圈）
沙茶醬…1湯匙

〔作法〕

1 將牛肉絲與醬油、香油、白胡椒粉、太白粉混合均勻。

2 加熱炒鍋，倒入橄欖油，以中火熱鍋，將醃過的牛肉絲炒開。

3 加入蒜片、洋蔥絲、青椒圈、紅黃椒圈、沙茶醬，轉大火快速拌炒至洋蔥半透明即可關火。

03#

辣炒牛肉麵疙瘩
Chinese Spicy Beef Gnocchi

〔材料〕

· 麵疙瘩
中筋麵粉⋯100g
鹽⋯1g
水⋯50ml
香油⋯1茶匙

· 炒料
香油⋯1茶匙
牛絞肉⋯100g
蒜仁⋯10g（切碎）
辣椒⋯20g（切片）
豆瓣醬⋯1茶匙
醬油⋯1茶匙
砂糖⋯1茶匙
米酒⋯1湯匙
黑木耳⋯50g（切絲）
韭菜花⋯50g（切段）

〔作法〕

1 製作麵疙瘩
  a 在攪拌盆裡放入所有材料（除了香油外）
    混和均勻揉成團，封好保鮮膜於室溫下
    靜置10分鐘。
  b 將麵團搓揉成條，再用手剝成片狀。
  c 備一滾水鍋，放入麵疙瘩煮至浮出水面
    後撈起，拌入香油，備用。

2 炒麵疙瘩
  a 加熱炒鍋，倒入香油，以中火熱鍋，將
    牛絞肉炒開。
  b 依序放入蒜碎、辣椒片、醬油、豆瓣醬、
    砂糖、米酒拌炒出香氣。
  c 加入黑木耳絲、韭菜花段拌炒30秒後放
    入麵疙瘩拌炒均勻即完成。

04#

波隆納肉丸義大利麵
Spaghetti Bolognese with Meatballs

〔材料〕

· 波隆納牛肉丸

牛奶…10ml

麵包粉…6g

西洋芹…5g（切碎）

巴西利…3g（切碎）

雞肝…30g（切碎）

鹽…1/8茶匙

粗粒黑胡椒…1/8茶匙

牛絞肉…150g

蛋黃或蛋白…1茶匙

· 煮義大利麵

水…1500ml

鹽…1湯匙

義大利麵…200g

· 炒料

培根…30g（切碎）

橄欖油…1湯匙

粗粒黑胡椒…1/4茶匙

義大利綜合香料…1/4茶匙

洋蔥…50g（切丁）

西洋芹…30g（切片）

紅蘿蔔…20g（切碎）

紅蔥頭…10g（切碎）

蒜仁…10g（切碎）

馬薩拉酒或紅酒…100ml

罐裝番茄碎…1罐

蘑菇…100g（剖半）

羅勒葉或芝麻菜…適量

帕瑪森起司粉…適量

〔作法〕

1 製作波隆納肉丸

a 在攪拌盆裡依序加入牛奶、麵包粉、西洋芹碎、巴西利碎、雞肝碎、鹽、粗粒黑胡椒，逐一攪拌均勻。

b 加入牛絞肉混和均勻，用手捏合成團後搓揉成肉丸（每顆約25g，可搓成16顆），如果絞肉不易黏合，可加入蛋黃或蛋白增加黏稠度。

2 煮義大利麵

備一滾水鍋，加鹽煮至沸騰，以傘狀方式放入義大利麵煮8-10分鐘，可依個人喜愛口感調整。

3 炒義大利麵

a 加熱平底鍋，倒入橄欖油，以中火熱鍋，將肉丸煎至略帶焦糖色後盛起。

b 放入培根碎，先炒出油脂後再放入粗粒黑胡椒、義大利綜合香料、洋蔥丁、西洋芹片、紅蘿蔔碎、紅蔥頭碎、蒜碎拌炒至洋蔥呈現半透明狀。

c 倒入馬薩拉酒或紅酒，煮至沸騰後倒入罐裝番茄碎，加蓋煮5分鐘。

d 放入義大利麵、蘑菇，煮沸1分鐘即可起鍋盛盤。

e 撒上帕瑪森起司粉，放入羅勒葉或芝麻菜即完成。

05#

泰式打拋牛肉三明治
Thai Basil Beef (Pad Gra Prow) Sandwich

〔材料〕

· 醋漬蘿蔔絲

白蘿蔔…150g（刨絲）

紅蘿蔔…50g（刨絲）

鹽…5g

白醋…50g

砂糖…10g

· 打拋牛絞肉

牛絞肉…300g

洋蔥…60g（切碎）

紅蔥頭…30g（切碎）

蒜仁…15g（切碎）

香茅…5g（切碎）

檸檬葉…5g（切碎）

砂糖…1茶匙

白胡椒粉…1/4茶匙

魚露…1湯匙

打拋葉或九層塔葉…10g

橄欖油…適量

· 組合配料

越南法國麵包…1條

鵝肝慕斯…100g

小黃瓜…1條（切片）

醋漬蘿蔔絲…適量

紅辣椒…適量（斜切片）

香菜葉…適量

〔作法〕

1 製作醋漬蘿蔔絲

　將白蘿蔔絲、紅蘿蔔絲與鹽混合均勻，擠壓脫去水分，用白醋、砂糖醃漬，備用。

2 打拋牛肉

　a 加熱平底鍋，倒入橄欖油，以中火加熱，將牛絞肉拌炒至焦香後，放入洋蔥碎、紅蔥頭碎、蒜碎、香茅碎、檸檬葉碎、砂糖、白胡椒粉，拌炒至洋蔥呈現半透明狀。

　b 加入魚露、九層塔葉拌炒均勻即可關火。

3 組合配料

　a 將烤箱預熱至200℃，越南法國麵包剖半但不切斷，進烤箱烘烤5分鐘後取出。

　b 在麵包上蓋的切面塗抹上一層鵝肝慕斯。

　c 麵包底部依序放上炒好的打拋牛肉、小黃瓜片、醋漬蘿蔔絲，最後撒上辣椒片、香菜葉即完成。

06#

蠔油芥藍炒牛肉

Oyster Sauce Beef with Chinese Broccoli

PART

雪花牛

其他部位亦可

〔材料〕

· 汆燙芥藍菜

水…1500ml

鹽…1湯匙

芥藍菜…150g

（斜切段，葉梗分開）

· 炒牛肉片

香油…1湯匙

大蒜…5g（切片）

老薑…5g（切絲）

辣椒…5g（斜切片）

雪花牛肉片…150g（切5cmx5cm）

蠔油…1湯匙

米酒…1湯匙

〔作法〕

1 汆燙芥藍菜

備一滾水鍋，加鹽煮滾後先放入芥藍菜梗，隔30秒再放入芥藍菜葉，汆燙10秒後撈起，備用。

2 炒牛肉片

a 加熱炒鍋，倒入香油，以小火熱鍋，放蒜片、老薑絲、辣椒片拌炒出香氣。

b 放入牛肉片拌炒開，加入汆燙過的芥藍菜與蠔油、米酒，轉大火快速拌炒均勻即可起鍋盛盤。

CHEF
SAYS

先燙過芥藍菜再與牛肉一起炒，能保持牛肉嫩度

先汆燙芥藍菜有兩個好處，一是可以去除芥藍菜的青澀味，二是能縮短拌炒時間，確保牛肉片口感鮮嫩。

07#

彩虹鮮蔬牛肉串
Rainbow Beef Skewer

〔材料〕

蘆筍⋯1把（切6cm段）

櫛瓜⋯1條（切6cm段）

甜椒⋯1顆（切6cm條）

杏鮑菇⋯1朵（切6cm段）

小番茄⋯數顆

雪花牛肉片⋯300g

鹽⋯適量

粗粒黑胡椒⋯適量

橄欖油⋯適量

〔作法〕

1 以牛肉片當底，包起各式蔬菜，用竹籤串起來。

2 在蔬菜牛肉串上刷橄欖油，撒上鹽及粗粒黑胡椒。

3 加熱橫紋烤盤，以小火熱鍋，將牛肉片仔細烤熟即完成。

08#

泰式椰汁牛肉紅咖哩

Thai Flavor Red Curry with Coconut Milk and Beef

PART
雪花牛

其他部位亦可

〔材料〕

· **炒雪花牛肉片**

橄欖油…1茶匙

雪花牛肉片…300g

· **泰式紅咖哩**

泰式紅咖哩醬…25g

椰奶…400ml

玉米筍…50g

小番茄…50g（剖半）

四季豆…50g（切5cm段）

杏鮑菇…50g（切片）

椰糖或白糖…1茶匙

魚露…適量

· **組合配料**

九層塔葉…適量

紅辣椒…適量（切片）

椰奶…適量

〔作法〕

1 炒雪花牛肉片

加熱平底鍋，倒入橄欖油，以大火熱鍋，放入牛肉片炒出香氣，取出備用。

2 煮泰式紅咖哩

a 用炒牛肉片的原鍋，倒入泰式紅咖哩醬，以小火拌炒出香氣，倒入椰奶煮至大滾。

b 放入玉米筍、小番茄、四季豆、杏鮑菇片，加蓋燜煮3分鐘。

c 加入椰糖或白糖、適量魚露調整鹹度後關火盛起。

3 加上配料＋盛盤

依序加入炒牛肉片、九層塔葉、辣椒片於鍋中，最後淋上椰奶即完成。

09#

泡菜牛肉炒年糕

Tteokbokki with Kimchi and Beef

〔材料〕

· 汆燙年糕

水…1000ml

鹽…1湯匙

韓國年糕…300g

· 炒料

香油…1茶匙

培根牛肉片…150g

洋蔥…50g（切絲）

青蔥…30g（切段）

蒜仁…10g（切碎）

韓國辣椒醬…2湯匙

昆布醬油或醬油…1湯匙

韓式泡菜…100g

高麗菜片…200g

水…200ml

· 裝飾

白芝麻粒…適量

〔作法〕

1 汆燙年糕

備一加了鹽的滾水鍋，放入韓國年糕煮至
浮出水面，撈起備用。

2 炒牛肉片＋盛盤

a 加熱平底鍋，倒入香油，以中火熱鍋，放
入培根牛肉片拌炒出油脂。

b 放入洋蔥絲、青蔥段、蒜碎、韓國辣椒醬、
昆布醬油或醬油拌炒出醬香味。

c 加入韓式泡菜、高麗菜、韓國年糕、水，
以大火拌煮至醬汁濃稠即可起鍋。

d 最後撒上白芝麻即完成。

PART3

10#

川味水煮牛

Poached Sliced Beef in Hot Chili Oil

〔材料〕

· 水煮牛肉

香油…1湯匙
洋蔥…150g（切絲）
蒜苗…100g（斜切片）
老薑…50g（切片）
蒜仁…10顆（剖半）
辣豆瓣醬…2湯匙
醬油…1湯匙
白胡椒粉…1/4茶匙
米酒…100ml
牛番茄…150g（切塊）
高麗菜…300g（切片）
罐裝雞高湯…1罐
水…500ml
牛肉片…150g

· 椒麻油

香油或橄欖油…3湯匙
花椒粒…1湯匙
乾燥辣椒片…2湯匙

· 裝飾

香菜葉…10g

〔作法〕

1 製作水煮牛肉

a 加熱湯鍋，倒入香油，以小火熱鍋，放入洋蔥絲、蒜苗片、薑片、大蒜，拌炒至洋蔥呈現半透明狀。

b 加入辣豆瓣醬、醬油、白胡椒粉，拌炒出醬香，倒入米酒煮至沸騰。

c 加入牛番茄塊、高麗菜、罐裝雞高湯、水，加蓋燉煮30分鐘後關火。

d 將牛肉片排放在湯面上。

2 製作椒麻油＋盛盤

加熱炒鍋，倒入香油或橄欖油，以中火熱鍋，油熱後放入花椒粒、乾燥辣椒片，立即淋在牛肉片上，最後放上香菜葉即完成。

11#

牛小排咖哩蛋包飯
Beef Short Ribs Curry Omurice

〔材料〕

· **咖哩醬**

橄欖油…1湯匙
洋蔥…300g（切絲）
紅蘿蔔…200g（滾刀切或切塊）
馬鈴薯…200g（切塊）
罐裝雞高湯…1罐
水…500ml
綠花椰菜…數朵
佛蒙特爪哇咖哩塊…4塊
苦甜巧克力…20g

· **蛋包飯**

雞蛋…2顆
鹽…1/8茶匙
奶油…10g
白飯…1碗

· **烙烤牛小排**

無骨牛小排…200g
橄欖油…1/2茶匙
鹽…1/4茶匙
粗粒黑胡椒…1/8茶匙

CHEF SAYS

加入苦甜巧克力，能增添咖哩醬風味和濃度

適量的巧克力可提升咖哩的風味層次與香氣，並且讓醬汁更加濃郁、醇厚；純度越高的巧克力效果越明顯，但不宜過量，以免帶出苦味。

〔作法〕

1 製作咖哩醬

    a 加熱湯鍋,倒入橄欖油,以小火加熱,將洋蔥絲拌炒至焦糖色。

    b 放入紅蘿蔔塊、馬鈴薯塊、罐裝雞高湯、水,加蓋燉煮30分鐘,直到紅蘿蔔及馬鈴薯熟透為止。

    c 另備一滾水鍋,放入綠花椰菜,汆燙1分鐘後撈起,備用。

    d 放入咖哩塊,拌煮至完全融化之後加入苦甜巧克力,繼續拌煮至融化後即完成。

2 製作蛋包飯＋放上配料

    a 將白飯堆放在盤中,備用。

    b 加熱平底鍋,放入奶油,以小火加熱到完全融化。

    c 打散雞蛋與鹽,倒入鍋中,用鍋鏟或筷子攪拌至半熟後離火,覆蓋在白飯上。

    d 淋上咖哩醬,擺上紅蘿蔔塊、馬鈴薯塊、綠花椰菜。

3 烙烤牛小排＋盛盤

    a 拆封牛小排包裝,置於室溫下需10分鐘以上。

    b 用廚房紙巾擦乾牛小排表面血水,均勻塗抹上橄欖油、鹽、粗粒黑胡椒。

    c 以中火加熱橫紋烤盤,將牛小排烙烤至喜好熟度後,放在咖哩飯上。

PART3

12#

墨西哥焗烤肋眼捲餅
Mexican Beef Ribs Tacos

〔材料〕

‧ 焗烤肋眼薄片

肋眼薄片⋯6片
橄欖油⋯3茶匙
墨西哥香料⋯3茶匙

‧ 墨西哥番茄辣醬

小番茄⋯100g（切丁）
洋蔥⋯25g（切絲）
墨西哥辣椒⋯10g（切碎）
香菜⋯2g（切碎）
檸檬皮屑⋯1g
檸檬汁⋯1茶匙
鹽⋯1/4茶匙

‧ 配料

墨西哥餅皮⋯6片
酪梨⋯1顆（切片）
墨西哥番茄辣醬⋯適量
墨西哥辣椒⋯適量（切片）
香菜葉⋯適量
酸乳酪或原味優格⋯適量
檸檬角⋯適量

〔作法〕

1 焗烤肋眼薄片

a 拆封牛肉包裝，置於室溫下需10分鐘以上。
b 用廚房紙巾擦乾肉片表面血水，均勻塗抹
上橄欖油、墨西哥香料，焗烤至喜好熟度
起鍋，備用。

2 製作墨西哥番茄辣醬

將所有材料放入攪拌盆中混和均勻，備用。

3 放上配料組合

a 加熱平底鍋，以小火熱鍋，放入墨西哥餅
皮，每面各烘5秒後盛起。
b 在餅皮上依序放上肋眼薄片、適量酪梨片、
墨西哥番茄辣醬、墨西哥辣椒片、香菜葉，
淋上適量酸乳酪或原味優格、檸檬汁捲
起，最後放上檸檬角即完成。

CHEF SAYS

先抹油能讓香料粉更易附著
先在肉片上塗抹橄欖油，可讓香料粉更容易附著，更加入味。

13#

紅燒肋條牛肉麵

Braised Beef Ribs Soup with Noodles

〔材料〕

· **鍋底**

牛番茄…600g（切塊）

洋蔥…300g（切塊）

紅蘿蔔…200g（滾刀切或切塊）

白蘿蔔…200g（切塊）

青蔥…100g

八角…3g

鹽…1茶匙

白胡椒粉…1/4茶匙

水…400ml

· **前處理牛肋條**

香油…1湯匙

花椒粒…1茶匙

老薑…50g（切片）

牛肋條…1000g（切10cm）

豆瓣醬…2湯匙

醬油…2湯匙

米酒…100ml

· **配料**

煮好的麵條…適量

汆燙過的青江菜…適量

酸菜…適量

蔥花…適量

〔作法〕

1 製作鍋底

在燉鍋中依序放入所有配料。

2 前處理牛肋條＋燉煮

a 用廚房紙巾擦乾牛肋條表面血水。

b 加熱平底鍋，倒入香油，以小火加熱，放入花椒粒、老薑片炒出香氣。

c 放入牛肋條，將表面煎至略帶焦糖色。

d 先倒入豆瓣醬、醬油拌炒出香氣，再倒入米酒，煮至沸騰後倒入湯鍋，加蓋燉煮至少2小時，直到牛肋條軟嫩為止。

3 放上配料

搭配煮好的麵條、汆燙過的青江菜、酸菜、蔥花即完成。

PART3

14#

蜂蜜啤酒燉牛肋
Beef Ribs Stew with Honey and Beer

〔材料〕

· **鍋底**

牛番茄…600g（切塊）
澳洲白皮馬鈴薯…400g
紅蘿蔔…200g（滾刀或切塊）
鹽…1茶匙
粗粒黑胡椒…1/4茶匙
水…500ml

· **前處理牛肋條**

牛肋條…500g（切10cm）
低筋麵粉…適量
橄欖油…1湯匙
培根…60g（切碎）
洋蔥…600g（切絲）
蜂蜜啤酒…1罐

· **配料**

德式酸菜…適量
芥末籽醬…適量
巴西利切碎…適量

〔作法〕

1 製作鍋底

在燉鍋中依序放入所有配料（澳洲白皮馬鈴薯不削皮不切，整顆放入燉煮）。

2 前處理牛肋條＋燉煮

a 用廚房紙巾擦乾牛肋條表面血水，均勻裹上一層薄薄的低筋麵粉，用手拍除掉多於麵粉。

b 加熱平底鍋，倒入橄欖油，以小火加熱，將牛肋條表面煎至略帶焦糖色。

c 放入培根碎、洋蔥絲一起，拌炒至洋蔥呈現焦糖色。

d 倒入蜂蜜啤酒，拌煮至沸騰後倒入已有配料的燉鍋中，加蓋燉煮至少2小時，直到牛肋條軟嫩為止。

3 放上配料

加入適量德式酸菜及芥末籽醬，撒上巴西利碎即完成。

15#
老掉牙羅宋湯
Classic Russian Borscht

〔材料〕

· 鍋底

洋蔥…300g（切塊）

牛番茄…300g（切塊）

紅蘿蔔…100g（切片）

西洋芹…100g（切片）

罐裝番茄碎…1罐

月桂葉…2片

鹽…1茶匙

粗粒黑胡椒…1/4茶匙

水…500ml

· 前處理牛尾

牛尾…1000g

白酒…100ml

· 配料

高麗菜…300g（切片）

馬鈴薯…200g（切丁）

〔作法〕

1 製作鍋底

在燉鍋中依序放入所有配料。

2 前處理牛尾＋燉煮

a 烤箱先預熱至200℃，用廚房紙巾擦乾洗淨的牛尾，放入烤箱烤8分鐘後取出翻面再烤6分鐘。

b 取出烤盤，加入白酒拌煮至沸騰後倒入燉鍋中，加蓋燉煮至少2小時，直到牛尾軟嫩為止。

3 加入配料

加入高麗菜、馬鈴薯丁，加蓋燉煮30分鐘後即完成。

CHEF SAYS

用白酒去腥提味、讓風味更佳

取出烤盤後再加入白酒拌煮至沸騰的動作，除了可以去腥提味之外，亦可將烤盤上殘留的肉汁溶出，帶入鍋中、讓成品風味更濃郁。

PART3

16#

番茄清燉腱子心
Beef Shank Stew with Tomatoes

〔材料〕

· 鍋底

牛番茄…600g（切塊）
紅蘿蔔…50g（切片）
鹽…1茶匙
白胡椒粉…1/8茶匙
水…500ml

· 爆香腱子心

香油…1湯匙
腱子心…800g（切2cm厚）
老薑…50g（切片）
洋蔥…600g（切絲）
米酒…200ml

· 配料

紫或白花椰菜…300g（切小朵）

〔作法〕

1 製作鍋底

在燉鍋中依序放入所有配料。

2 爆香腱子心＋燉煮

a 用廚房紙巾擦乾腱子心表面血水。

b 加熱平底鍋，倒入香油，以小火加熱，放
入腱子心、老薑片，將腱子心表面煎至略
帶焦糖色，放入洋蔥片拌炒至半透明狀。

c 倒入米酒，拌煮至沸騰後倒入燉鍋，加蓋
燜煮至少2小時，直到腱子心軟嫩為止。

3 加入配料

加入紫或白花椰菜，加蓋燜煮10分鐘即完
成（食用前，依個人喜好加入香菜碎）。

家常版秘製牛肉乾
Homemade Special Beef Jerky

〔材料〕

牛腱… 800g（切片）

香油…1湯匙

洋蔥…300g（切塊）

老薑…50g（切片）

蒜仁…100g

辣椒…20g（不吃辣者可略）

醬油…60ml

冰糖或砂糖…20g

八角…3g

煙燻甜椒粉…1/2茶匙

孜然粉…1/2茶匙

白胡椒粉…1/4茶匙

五香粉…1/4茶匙

肉桂粉…1/4茶匙

米酒…500ml

〔作法〕

1 前處理牛腱

將牛腱放解凍室或冷藏室至微凍狀態，直切對半後順紋切成0.5-1cm片狀；待牛腱完全解凍後，用廚房紙巾將血水擦乾。

2 煎牛腱＋烘烤

a 加熱平底鍋，倒入香油，以小火加熱，將每片牛腱表面煎至略帶焦糖色後取出，放入湯鍋。

b 加入其他配料，加蓋以小火燉煮1小時後開蓋，轉中火將湯汁收乾即可關火。

c 將烤箱預熱至180℃／開旋風，將牛腱排列在烤網上，烘烤8分鐘後再烤6分鐘即完成（烤箱功率不盡相同，建議先烤數片試口感，再依照個人喜好斟酌調整時間）。

CHEF
SAYS

順紋切肉的口感才會對

順紋切牛腱是為了保有較長的肌肉纖維，這樣牛肉乾咬起來才會有嚼勁，而且不會碎碎的。

PART3

18#

可樂滷牛筋

Beef Tendon Stew with Cola

〔材料〕

· **牛筋去腥**

冷水…1500ml

米酒…2湯匙

牛筋…500g

· **配料**

香油…1湯匙

花椒粒…2茶匙

老薑…50g（切片）

洋蔥…300g（切塊）

青蔥…100g

蒜仁…50g

辣椒…20g（不吃辣者可略）

八角…3g

肉桂粉…1/4茶匙

醬油…100ml

米酒…300ml

可樂…350ml

· **裝飾用配料**

蔥花…適量

辣椒碎…適量

嫩薑絲…適量

〔作法〕

1 前處理牛筋去腥

於湯鍋中倒入冷水、米酒、放入牛筋，以小火煮5分鐘後取出，備用。

2 燉煮牛筋

a 於湯鍋倒入香油，以小火加熱，放入花椒粒、老薑片拌炒出香氣。

b 放入牛筋及其他配料，滷汁必須蓋過牛筋（若太大可切塊），加蓋燉煮至少4小時，煮到牛筋條軟嫩後，將湯汁收乾即完成。

3 加上佐料盛盤

最後放上蔥花、辣椒碎、嫩薑絲一起食用。

PART3

19#

鹽烤牛舌蓋飯
Beef Tongue Steak donburi

〔材料〕

· 香蔥醬

橄欖油…2湯匙
香油…1茶匙
青蔥…50g（切末）
老薑…5g（切末）
椒鹽粉…1/8茶匙

· 蒜香奶油拌飯

奶油…5g
蒜泥…5g
醬油…1茶匙
白胡椒粉…1/8茶匙
白飯…200g

· 炙煎牛舌

牛舌切片…200g
橄欖油…1茶匙
鹽…1/4茶匙

· 裝飾用配料

乾燥辣椒絲…適量

〔作法〕

1 製作香蔥醬
　a 加熱平底鍋，倒入橄欖油、香油，以小火
　　加熱，依序放入老薑末、青蔥末、椒鹽粉
　　快速拌炒均勻即可關火。
　b 裝入乾淨無水分的瓶罐中，放涼後可冷藏
　　保存7天。

2 製作蒜香奶油拌飯
　將奶油微波加熱至完全融化，加入蒜泥、醬
　油、白胡椒粉混和均勻，與白飯拌勻備用。

3 炙煎牛舌＋加佐料盛盤
　a 拆封牛舌包裝，置於室溫下回溫5分鐘。
　b 用廚房紙巾擦乾牛舌表面血水，均勻塗抹
　　上橄欖油、鹽。
　c 加熱平底鍋，以中火將牛舌表面煎熟即可
　　取出，排放在蒜香奶油拌飯上。
　d 最後加上香蔥醬、乾燥辣椒絲即完成。

4 加上佐料盛盤
　最後加上香蔥醬、乾燥辣椒絲即完成。

20#

牛肉壽喜燒

Beef sukiyaki

〔材料〕

· 壽喜燒鍋底

橄欖油…1 茶匙

培根牛肉片…300g

洋蔥…100g（切絲）

紅蘿蔔…30g（切絲）

清酒或米酒…100g

醬油…50g

味醂…50g

砂糖 1 茶匙

· 配料

板豆腐…1 塊

蒟蒻絲…1 包

香菇…數朵

鴻喜菇或雪白菇…1 包

蒜苗…數根（切段）

娃娃菜或白菜…適量

烏龍麵…適量

· 佐料

雞蛋…1 顆

七味粉…適量

〔作法〕

1 製作壽喜燒鍋底

a 加熱湯鍋，倒入橄欖油，以小火加熱，先
放入100g 油脂較多的培根牛肉片，將油脂
炒出。

b 放入洋蔥絲、紅蘿蔔絲均勻拌炒至洋蔥呈
現半透明狀。

c 倒入清酒，拌煮至沸騰後加入醬油、味
醂、砂糖，煮至糖化開後即可關火備用。

2 放入配料

a 加熱平底鍋，以小火加熱，將板豆腐、蒜
苗段乾煎至略帶焦糖色後取出，放入壽喜
燒鍋底中。

b 備一滾水鍋，汆燙蒟蒻絲1分鐘後撈出沖
冷水，瀝乾後也放入壽喜燒鍋底中。

c 將其餘食材都放入壽喜燒鍋底中，開火烹
煮後即可食用。

4 加上佐料盛盤

打散雞蛋，搭配各種食材沾食，可視個人口
味加入適量七味粉。

21#

普羅旺斯牛肉溫沙拉
Provencal Roast Beef Salad

〔材料〕

· 溫沙拉

蘿蔓生菜…100g

橄欖油…1湯匙

義大利綜合香料…1茶匙

鹽…1/4茶匙

粗粒黑胡椒…1/8茶匙

玉米筍…50g（剖半）

櫛瓜…50g（切片）

甜椒…50g（切條）

小番茄…50g

· 焢烤無骨牛小排

無骨牛小排…200g

橄欖油…1/2茶匙

鹽…1/4茶匙

粗粒黑胡椒…1/8茶匙

· 佐醬

初榨橄欖油…適量

巴薩米克醋…適量

〔作法〕

1 製作溫沙拉

a 蘿蔓生菜撕碎，放入盤中鋪底，備用。

b 在攪拌盆裡倒入橄欖油、義大利綜合香料、鹽、粗粒黑胡椒，攪拌均勻。

c 放入玉米筍、櫛瓜片、甜椒條、小番茄混和均勻。

d 加熱橫紋烤盤，以小火將蔬菜烤出烙痕後即可盛盤。

2 焢烤無骨牛小排

a 拆封牛小排包裝，置於室溫下需10分鐘以上。

b 用廚房紙巾擦乾牛小排表面血水，均勻塗抹上橄欖油、鹽、粗粒黑胡椒，焢烤至喜好熟度後取出，放入溫沙拉中。

4 淋醬盛盤

依個人口味淋上適量初榨橄欖油、巴薩米克醋即完成。

22#

泰式酸辣牛肉炒麵
Spicy Thai Beef Noodles

〔材料〕

· 煎蛋皮

橄欖油⋯1茶匙
雞蛋⋯1顆

· 酸辣炒麵

花生油⋯1湯匙
雪花牛肉片⋯150g
洋蔥⋯30g（切絲）
紅蔥頭⋯20g（切碎）
大蒜⋯10g（切碎）
辣椒⋯10g（切片）
菜脯⋯30g（切碎）
蝦米⋯20g（切碎）
豆干⋯60g（切條）
醬油⋯1茶匙
魚露⋯1湯匙
泰式甜辣醬⋯2湯匙
水⋯400ml
小番茄⋯50g（剖半）
韭菜⋯50g（切段）
豆芽菜⋯30g
油麵⋯300g

· 佐料

檸檬汁⋯適量
椒麻花生碎⋯適量
香菜葉⋯適量

〔作法〕

1 煎蛋皮

　加熱平底鍋，倒入橄欖油，以小火熱鍋，將
　雞蛋打散後煎成蛋皮，放涼後捲起切絲，
　備用。

2 炒酸辣麵＋加佐料盛盤

　a 加熱平底鍋，倒入花生油，以大火熱鍋，
　　放入牛肉片炒出香氣後取出，備用。

　b 原鍋放入洋蔥絲、紅蔥頭碎、大蒜碎、
　　辣椒片、菜脯碎、蝦米碎、豆干，炒出
　　香氣後加入魚露、醬油、泰式甜辣醬拌
　　炒均勻。

　c 加入水、小番茄、韭菜段、豆芽菜、油麵、
　　蛋絲、牛肉片，以大火拌炒至湯汁變濃稠
　　即可起鍋盛盤。

3 加上佐料盛盤

　可依個人口味加入適量檸檬汁、椒麻花生碎、
　香菜葉即完成。

23#

越南牛肉炸春捲
Vietnamese Fried Spring Rolls

〔材料〕

· 牛肉餡

牛絞肉…100g

醬油…1茶匙

白胡椒粉…1/8茶匙

高麗菜…20g（切絲）

木耳…20g（切絲）

香菇…20g（切丁）

洋蔥…10g（切丁）

紅蘿蔔…10g（切碎）

香油…1/4茶匙

白糖…1/4茶匙

鹽…1/8茶匙

· 炸春捲

越南春捲皮…4片

水…適量

· 越南酸甜辣醬

檸檬汁…30g

魚露…60g

白糖…90g

開水…120g

蒜仁…5g（切碎）

辣椒…10g（切碎）

〔作法〕

1 製作牛肉餡

牛絞肉放入攪拌盆中，倒入醬油、白胡椒粉混和均勻，再加入其他材料攪拌均勻。

2 炒酸辣麵＋加佐料盛盤

a 備一油鍋，預熱至170-180℃（放竹筷入鍋中，10秒內會冒出快速密集小泡泡的程度）。

b 請參146-147頁圖解，將越南春捲皮兩面反覆刷水，待其軟化後鋪上牛肉餡（約10cmx2cm），將春捲皮1/4覆蓋住肉餡，再將兩邊內摺、捲起收尾。

c 放入春捲，油炸3分半至4分鐘即可起鍋，用廚房紙巾吸油後盛盤。

3 製作越南酸甜辣醬＋盛盤

將所有材料混和均勻（比例為檸檬汁：魚露：白糖：開水＝1：2：3：4，再依個人口味加入適量蒜碎及辣椒碎），當成春捲佐醬沾取食用。

PART3

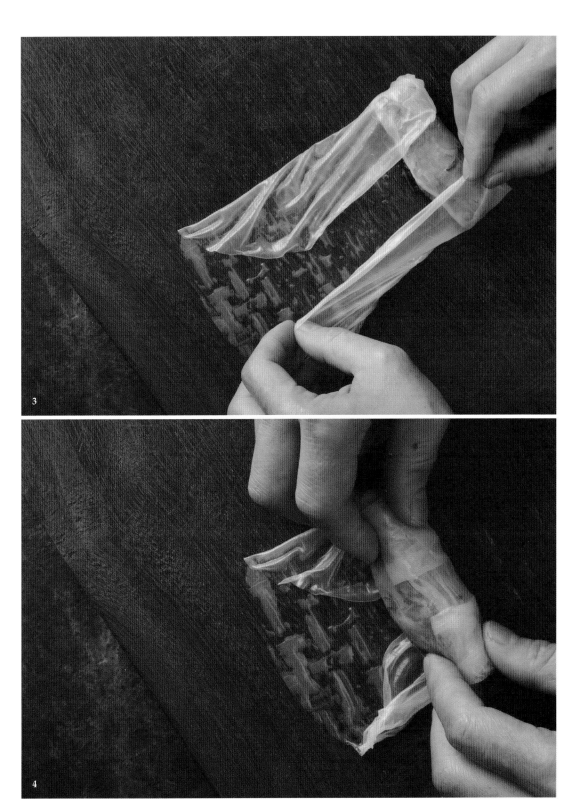

24#

和風胡麻牛肉水菜沙拉

Beef, Mizuna Salad with Japanese Sesame Sauce

〔材料〕

· 胡麻醬

白芝麻…50g

花生…20g

白醋…1湯匙

香油…1湯匙

醬油…2匙

美乃滋…2湯匙

開水…4湯匙

· 沙拉料

日本水菜…100g

豆皮絲…適量

紅蘿蔔絲…適量

· 炙煎嫩肩里肌薄片

橄欖油…1茶匙

嫩肩里肌薄片…250g

鹽…1/4茶匙

粗粒黑胡椒…1/8茶匙

〔作法〕

1 製作胡麻醬

用電動攪拌棒將所有材料攪勻，備用。

2 沙拉料鋪底

在盤中擺上所有蔬菜料，備用。

3 炙煎嫩肩里肌薄片＋盛盤

a 拆封牛肉包裝，置於室溫下需10分鐘以上。

b 用廚房紙巾擦乾嫩肩里肌薄片表面血水，均勻撒上鹽及粗粒黑胡椒，用手按壓使其附著。

c 加熱平底鍋，倒入橄欖油，以大火熱鍋，將牛排薄片兩面煎至焦糖色即可取出盛盤，最後淋上胡麻醬一起享用。

PART3

25#

酪梨牛肉海苔捲
Beef Avocado Sushi Rolls

〔材料〕

· 香煎菲力牛排

菲力牛排…200g

鹽…1/4茶匙

粗粒黑胡椒…1/8茶匙

橄欖油…1茶匙

· 醋飯

壽司米…1杯（米量杯）

白醋…20g

白糖…15g

鹽…5g

· 組合配料

壽司海苔…2片（剪成四等份）

酪梨…1顆（切片）

黃櫛瓜…1條（切條）

紫高麗菜苗…適量

櫻桃蘿蔔…適量（切片）

鮭魚卵…適量

醬油…適量

〔作法〕

1 煎菲力牛肉

a 拆封牛排包裝，置於室溫下需10分鐘以上。

b 用廚房紙巾擦乾牛排表面血水，均勻撒上鹽、粗粒黑胡椒，用手按壓使其附著。

c 加熱平底鍋，倒入橄欖油，以大火熱鍋，將牛排煎至喜好熟度即可取出，靜置10分鐘後切片，備用。

2 製作醋飯

將白醋、白糖、鹽攪拌融化後，倒入剛煮好的壽司飯中切拌均勻，備用。

3 組合

在壽司海苔片上依續放入醋飯、牛排片、酪梨片、黃櫛瓜條、紫高麗菜苗、櫻桃蘿蔔片、鮭魚卵，淋上適量醬油，捲起食用。

COOKING TIPS

主廚的牛肉烹調秘訣

Q 讓牛肉不會老的快炒技巧？

炒牛肉時，若有和蔬菜食材一起的話，建議分階段炒會讓牛肉比較不易老掉。有兩種方式，一種是把鍋子燒到夠熱，先將牛肉下鍋炒香後取出，接著放入蔬菜炒至半軟，此時再放回剛才的牛肉，快速拌炒均勻即可起鍋，這樣炒好的料理成品，能同時保有牛肉的香氣及軟嫩。

另一種是先把不易熟的葉菜類做處理，例如芥藍炒牛肉。首先，把蔬菜先快速汆燙一下後瀝乾水分，之後再和牛肉一起炒，能保持蔬菜清脆、肉又有一定的嫩度和香氣。

除了分階段的炒法外，牛肉下鍋前，需待其完全解凍軟化後才能烹調。如果牛肉片還是有點硬度就拿來炒的話，肉片的纖維感會比較明顯、肉汁也易流失，同時肉色也會比較深，整體吃起來不那麼美味了。

牛肉烹調秘訣

Q讓牛肉片／肉排更加滑嫩軟嫩的方法？

首先，需挑選比較軟嫩的牛肉部位，再加入輔助肉質更軟的食材，滑嫩或軟嫩的實際效果才會比較好。為了輔助牛肉片口感更佳，最常見就是加蛋白或太白粉，稍微抓醃一下，讓肉的表面多一層保護，這樣牛肉片在接觸鍋面時的受熱就不會那麼直接，而且肉汁不易流失。

較厚的肉排或肉塊，也可以加一點新鮮鳳梨丁（也有人用奇異果、木瓜…等）醃肉，它們所含的天然酵素能軟化肉質，但切記不要醃太久，以免肉質變鬆散而適得其反。通常我會把新鮮鳳梨打成果泥，再和醃汁材料混合，用此來醃肉排會比較均勻，也比較好拿捏鳳梨的用量。

Q 切牛肉時，順紋與逆紋的口感差別是？

通常，煎牛排、煮牛腱、炒牛肉絲或牛肉片…等料理時，通常都是逆紋切，因為截斷牛肉紋理的方向，才方便食用者咬嚼、不會覺得肉的纖維卡著牙縫、感覺不舒服。

但有些料理反倒得順紋切才行，比方書中的「秘製牛肉乾」食譜，因為一般做牛肉乾，會特意讓牛肉的組織完整、維持纖維長度，才能品嚐到牛肉乾有一絲一絲的口感，所以改以順紋切的方式。

順紋切

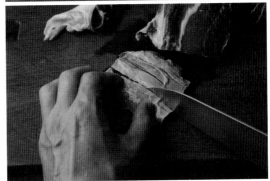

逆紋切

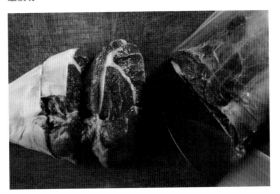

Q 在家怎麼簡單做牛肉的舒肥料理？

「舒肥Sous Vide」是一種真空低溫烹調的方式，讓肉品在真空袋中，透過低溫的長時間水浴讓肉慢慢熟成、軟化肉的組織，這幾年來又特別受到台灣人的喜愛，也開始有許多人嘗試在家做肉類的舒肥料理，特別是牛排，低溫烹調後的口感的確比較軟嫩。在家想做簡單的舒肥，建議還是買個舒肥機，把牛排、油品、調味料、新鮮香草放入真空袋中，抽真空封口後，依自己想設定的溫度進行低溫水浴。如果不想買真空機，可以改用耐熱夾鏈袋，透過水壓讓袋中空氣擠出、進而變成真空狀態，最後再封口。

由於可以設定溫度，就能掌握自己想要的熟度，此外，肉排的受熱也會均勻許多，長時間舒肥後的肉質非常軟嫩。舒肥後的牛排得下鍋煎至表面上色，進而帶出肉的香氣，這樣的牛排料理成品就會口感嫩、表面香。

基於食品安全考量，除非是經過65℃／30分鐘以上烹調的舒肥食品，否則不建議冷藏後再覆熱食用。

簡易版的舒肥法可以用大同電鍋來做，保溫的溫度可達60℃左右，只要準備1支溫度計，就可以做了。

註：此種方法僅能幫助大家更容易掌控牛排熟度，並無法達到軟化肉質的效果。

〔作法〕

1 先在電鍋裡放入蒸盤（避免食材接觸到底部加熱板）。

2 倒入冷水，水量蓋過食材即可（保溫功能加熱很慢，1個小時增加5-10℃，水量越多等待時間越長）。

3 放入真空包好的食材，不時用溫度計測量，直到預設溫度為止。

4 將牛排從中空袋取出，用醬料刷把表面的蛋白質凝固物刷乾淨，讓煎鍋燒到非常熱，放入牛排，每面煎30秒左右即可起鍋盛盤。

Q 鎖住肉汁的煎烤訣竅是？

煎牛肉時，若要保住肉汁，大原則就是鍋子要燒到夠熱，才能放肉排、肉絲、肉塊下去，以免肉品中所含的水分，因加熱時間過長而流失蒸發。由於此時鍋溫很高，如果想用奶油來煎肉或增添風味的話，建議先以一般油品煎肉至表面上色後，再下奶油，甚至是快起鍋前才加奶油，以免奶油太早下鍋而馬上焦化了。

除了以上方法，也可用「淨化奶油」或稱「澄清奶油」來煎肉。製作方式是把奶油放入小湯鍋，以小火加熱至完全融化後靜置，會發現上層有浮泡與雜質，而最底部會沉澱一層乳白色的乳清，把乳清、浮泡雜質一同濾掉之後，就是淨化奶油了。淨化奶油的發煙點較高，且不會有乳清、雜質等所產生的焦化物，質地較純的奶油特別適合用於煎肉。

Q 如何燉一鍋美味牛肉湯？

燉煮牛肉清湯前，建議用「跑活水」或汆燙的方式，先去除血水與雜質，能讓之後燉好的湯更清澈。其中，跑活水又比汆燙的效果更好，因為汆燙會讓肉的蛋白質凝結，雖然會封住肉汁、使其不會往外流，但相對地也會讓部分雜質無法釋放，特別是帶骨的牛肉。以跑活水處理時，記得用小火慢慢讓鍋子溫度上升喔，雜質較能釋放完全。

此外，在燉煮牛肉湯時，可藉由紅蘿蔔、洋蔥、高麗菜增加甜味。西洋芹可增加風味，番茄則能增加酸味及鮮味，以上食材都能幫助湯頭味道有天然的鮮甜滋味。

Q滷牛筋時，要注意什麼？

滷牛筋之前，請先依其大小準備合適尺寸的鍋，或是把牛筋先切成符合鍋子尺寸的長度，這樣滷製時才能讓滷汁都浸泡到牛筋，而且滷的時間也能縮短一些。接著把牛筋放進滾水鍋中，先汆燙做一下清潔的動作，之後才和滷包或其他材料一起滷。

滷的過程中，就像滷牛腱一樣，每半小時關心一下鍋中的滷汁量是否足夠、湯汁有沒有蓋過牛筋，視情況做翻動、讓受熱均勻；若發現滷汁減少太多，就添加水量，記得保持鍋中水分是蓋過牛筋的。

由於牛筋本身沒有味道，需透過滷汁慢慢滲進組織，為讓牛筋更有味道，我習慣在滷製過程的最後收汁、讓水分收乾。收汁時，要細心顧爐，待牛筋和其他食材都已露出滷汁之外，以小火慢慢燒到湯汁變少，同時趁機試風味鹹淡，看是否還需酌量加水減鹹度。如果希望滷好的牛筋更加入味，滷好後放涼、放冰箱靜置隔天，風味會更足。

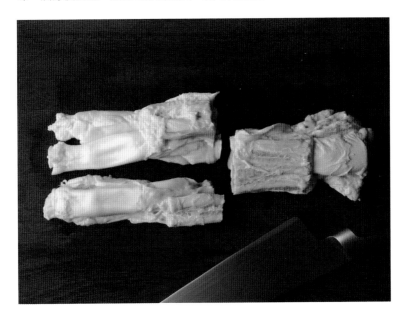

BEEF MASTER

PARTY RECIPES
AND COOKING TIPS

PART 4

派對宴客的牛肉料理與烹調法

想端出完美的牛肉料理宴客，有些經典菜色的做
法訣竅一定要學會，像是濃郁的威靈頓牛排、牧
羊人派…等；或者是方便快速上桌的三明治、小
漢堡…等，也都是很棒的派對料理。

了解更多…

許多人會問「蘑菇到底要不要洗呢」，以蘑菇的培養環境和種植過程來說可以不洗，僅需用軟毛刷將表面的培養土刷乾淨即可，這是最不影響風味與口感的方式，但如果實在不安心，那就洗吧！但記住兩個重點，快速沖洗不要泡水，洗完後要用廚房紙巾擦乾或用脫水器甩掉表面水分，避免水分滲入組織而影響口感及風味。

此外，烹調前再洗，因為不管是清洗或是用毛刷，都會破壞到蘑菇表面的細胞組織，而導致變色，原封不動是最佳的儲存方式。

01#

迷你威靈頓牛排

Mini Beef Wellington

〔材料〕

· 松露蘑菇醬

蘑菇…200g

松露醬…20g

· 煎菲力牛排

菲力牛排…200g（厚度2-3cm）

鹽…1/4茶匙

粗粒黑胡椒… 1/8茶匙

橄欖油…1湯匙

· 威靈頓牛排

鵝肝醬或芥末醬…3湯匙

帕瑪火腿或培根…3片

酥皮…3片（12.5x13.5cm）

雞蛋…1顆（打散）

〔作法〕

1 製作松露蘑菇醬

用電動攪拌機將蘑菇打碎，乾鍋將蘑菇碎水分炒乾，加入松露醬拌炒均勻後關火，備用。

2 煎菲力牛排

a 拆封牛排包裝，置於室溫下需10分鐘以上。

b 用廚房紙巾擦乾菲力牛排表面血水，切成3等份，尺寸約長12cmx寬3cmx厚3cm，均勻撒上鹽及粗粒黑胡椒，用手按壓使其附著。

c 加熱平底鍋，倒入橄欖油，中火加熱，將菲力牛排表面煎至焦糖色後起鍋。

3 製作威靈頓牛排

a 在每塊牛排表面都均勻塗抹上鵝肝醬或芥末醬。

b 在桌面鋪一層保鮮膜，先放上帕瑪火腿、松露蘑菇醬，再放上菲力牛排，像包糖果般，將牛排包覆扭緊，冷藏30分鐘。

c 以單片酥皮為底，中間放上菲力牛排，在酥皮四周塗上蛋液，將酥皮上下兩邊包覆牛排，左右兩側向內摺好包緊。

d 在酥皮表面塗上蛋液，用刀子割出菱格紋（或其他紋路）。

e 烤箱預熱至180℃，放入烤箱中烘烤至酥皮表面呈現焦糖色即可取出，時間約20-25分鐘。

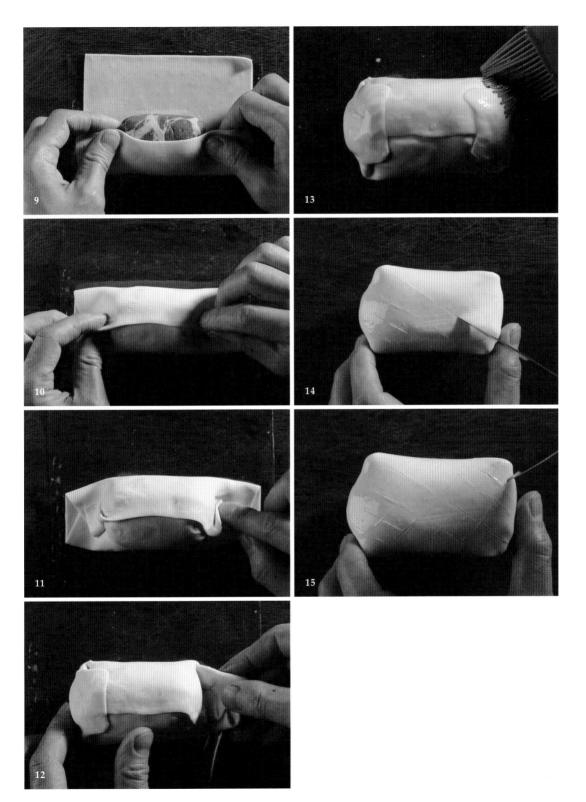

了解更多...
布切塔或稱普切塔，是由義大利文 Bruschetta 音譯而來，原意是烤過的麵包，
可自由搭配各式食材、香料、醬料、橄欖油…等，堆疊在這麵包切片上，作為派
對宴客的開胃前菜。

02#

鵝肝慕斯菲力布切塔

Tenderloin Steak Bruschetta with Goose Liver Mousse

〔材料〕

· 煎菲力牛排

菲力牛排…200g

鹽…1/4茶匙

粗粒黑胡椒…1/8茶匙

橄欖油…1湯匙

· 配料

法國長棍麵包…1條（切2cm）

鵝肝慕斯…1罐

綜合生菜…適量

小番茄…適量

松露橄欖油…適量

〔作法〕

1 煎菲力牛排

a 拆封牛排包裝，置於室溫下需10分鐘以上。

b 用廚房紙巾擦乾菲力牛排表面血水，均勻撒上鹽及粗粒黑胡椒，用手按壓使其附著。

c 加熱平底鍋，倒入橄欖油，以大火熱鍋，將牛排煎至喜好熟度即可起鍋，靜置10分鐘後切片，備用。

2 烤麵包＋組合配料

a 烤箱預熱至180℃，將法國長棍麵包片放入烤箱烘烤5分鐘後取出。

b 先在麵包片上塗抹鵝肝慕斯，依序擺上菲力牛排切片、綜合生菜、小番茄。

c 最後淋上松露橄欖油即完成。

03#

勃艮地牛肉燉通心粉
Bœuf Bourguignon with Macaroni

〔材料〕

· **鍋底**

牛番茄⋯300g（切塊）

紅蘿蔔⋯300g（切丁）

西洋芹⋯100g（切片）

月桂葉⋯2片

鹽⋯1茶匙

粗粒黑胡椒⋯1/4茶匙

罐裝番茄碎⋯1罐

水⋯500ml

· **炒牛肋條**

牛肋條⋯1000g（切塊）

低筋麵粉⋯適量

橄欖油⋯2湯匙

培根⋯100g（切碎）

洋蔥切絲⋯300g（切絲）

紅酒⋯300ml

· **配料**

通心粉⋯100g

幼嫩酸瓜條⋯適量

巴西利⋯適量（切碎）

〔作法〕

1 製作鍋底

在燉鍋中依序放入所有配料。

2 炒牛肋條＋燉煮

a 用廚房紙巾擦乾牛肋條表面血水後，均勻裹上一層薄薄的低筋麵粉，再用手拍除掉多餘麵粉。

b 加熱平底鍋，倒入橄欖油，以小火熱鍋，將牛肋條表面煎至略帶焦糖色。

c 放入培根碎、洋蔥絲一起拌炒，至洋蔥呈現半透明狀。

d 倒入紅酒，拌煮至沸騰後倒入燉鍋，加蓋燜煮至少2小時，直到牛肋條軟嫩為止。

3 加入配料燉煮＋盛盤

a 加入通心粉，加蓋燉煮10分鐘即完成。

b 食用時可加入適量幼嫩酸瓜條，撒上巴西利碎。

04#

松露牛肉大魔杖

Beef and Truffle Sauce Sandwich with Baguette

〔材料〕

· 松露蘑菇炒牛肉

橄欖油…1茶匙

雪花牛肉片…300g

蘑菇…150g（切片）

洋蔥…50g（切絲）

鹽…1/4茶匙

松露醬…2湯匙

· 組合配料

法國長棍麵包…1條（剖半不切斷）

起司片…數片

巴西利…適量（切碎）

紅胡椒粒…適量

〔作法〕

1 松露蘑菇炒牛肉

a 加熱平底鍋，倒入橄欖油，以大火熱鍋。放入牛肉片、蘑菇片、洋蔥絲、以鹽調味後，大火將肉片炒熟。

b 加入松露醬，拌炒均勻即可關火。

2 烤麵包＋組合配料

a 烤箱預熱至180℃，將法國長棍剖半、但不切斷，放入烤箱烘烤5分鐘後取出。

b 在麵包切面底部先鋪上一層起司片，放入松露蘑菇炒牛肉，撒上巴西利碎、紅胡椒粒即完成。

05#

烙烤和牛佐涼拌生洋蔥

Grilled Wagyu Steak with Onion Salad

〔材料〕

・烙烤肋眼牛排

肋眼牛排…200g（和牛）

橄欖油…1茶匙

鹽…1/4茶匙

粗粒黑胡椒…1/8茶匙

・涼拌生洋蔥

洋蔥…200g（逆紋切絲）

日式鰹魚醬油…2湯匙

檸檬汁…2湯匙

砂糖…1茶匙

香油…1茶匙

櫻桃蘿蔔…適量（切片）

柴魚片…適量

青蔥絲或香菜…適量

檸檬皮屑…適量

七味粉…適量

〔作法〕

1 烙烤肋眼牛排

　a 拆封牛排包裝，置於室溫下需10分鐘以上。

　b 用廚房紙巾擦乾肋眼牛排表面血水，切成一口大小塊狀，用烤肉串串起，均勻塗抹上橄欖油，撒上鹽及粗粒黑胡椒。

　c 以中火加熱橫紋烤盤，將牛肉串烤至喜好熟度後即可盛起。

2 涼拌生洋蔥＋組合

　a 將洋蔥絲冰鎮3分鐘後取出，確實瀝乾水分，放入大碗中，倒入日式鰹魚醬油、檸檬汁、砂糖、香油混和均勻。

　b 加入櫻桃蘿蔔片、柴魚片、青蔥絲或香菜略為混拌，撒上檸檬皮屑、七味粉即完成。

PART4

06#

牧羊人派
Shepherd's Pie

〔材料〕

‧ 炒牛絞肉醬

橄欖油⋯1茶匙
牛絞肉⋯300g
洋蔥⋯100g（切碎）
蒜仁⋯30g（切碎）
巴西利⋯10g（切碎）
義大利香料⋯1茶匙
粗粒黑胡椒⋯1/2茶匙
鹽⋯1/2茶匙
番茄⋯100g（切丁）

‧ 奶油馬鈴薯泥

馬鈴薯或地瓜⋯800g
奶油⋯40g
鮮奶油⋯40ml
鹽⋯1/2茶匙

‧ 佐料

帕瑪森起司粉⋯適量
莫札瑞拉起司絲⋯適量

〔作法〕

1 炒牛絞肉醬
a 加熱平底鍋，倒入橄欖油，以中火熱鍋，放入牛絞肉先炒出油脂。
b 加入洋蔥碎、蒜碎、巴西利碎、義大利香料、粗粒黑胡椒、鹽，拌炒至洋蔥呈現半透明狀。
c 加入番茄丁，拌炒至皮肉分離即可關火，倒入烤皿並將肉醬平鋪開來。

2 製作奶油馬鈴薯泥
將馬鈴薯或地瓜蒸熟後去皮，放入攪拌盆中壓碎，加入其他配料混和均勻，備用。

3 烘烤薯泥＋加上佐料
a 烤箱預熱至200℃，將薯泥平鋪在炒好的肉醬上，用叉子或湯匙壓出紋路。
b 撒上帕瑪森起司粉、莫札瑞拉起司絲，放入烤箱烘烤至略帶焦糖色即可取出。

CHEF SAYS

利用牛絞肉的油脂讓料理更香
將牛絞肉先炒出油脂，之後再拌炒其他配料，整體的香氣會更好、更明顯。

07#

辣花生醬迷你牛肉堡
Mini Beef Burger
with Spicy Peanut Butter

〔材料〕

・香辣花生醬

顆粒花生醬…50g

薑末…2g

蒜泥…3g

煙燻辣椒粉…1/4茶匙

乾燥辣椒片…1茶匙

・脆糖培根

培根…1條

白糖…1茶匙

・迷你漢堡排

牛奶…10ml

麵包粉…6g

洋蔥…10g（切碎）

迷迭香…3g（切碎）

培根…30g（切碎）

鹽…1/8茶匙

粗粒黑胡椒…1/8茶匙

牛絞肉…150g

蛋黃或蛋白…1茶匙

奶油…適量

起司片…3小片

・配料

迷你漢堡麵包…3份

生菜葉…3片

牛番茄片…3片

洋蔥圈…6個

酸黃瓜片…3片

〔作法〕

1 製作香辣花生醬
將所有材料攪拌均勻成醬，備用。

2 製作脆糖培根
加熱平底鍋，以小火熱鍋，放入培根煎1分鐘後翻面，均勻撒上白糖，煎到白糖融化冒泡即可盛起，備用。

3 製作迷你漢堡排

a 在攪拌盆裡依序加入牛奶、麵包粉、洋蔥碎、迷迭香碎、培根碎、鹽、粗粒黑胡椒，攪拌均勻。

b 加入牛絞肉，用手捏合成團後分成3等份，搓揉成圓球狀後壓扁成肉排（每片約5g）。如果絞肉不易黏合，可加入蛋黃或蛋白增加黏稠度。

c 加熱平底鍋，以小火熱鍋，將漢堡麵包的切面烘至焦黃酥脆後盛起，於切面上均勻塗抹奶油，備用。

d 原鍋加入橄欖油，以中火熱鍋，放入漢堡肉排煎至喜好熟度，蓋上起司片即可起鍋。

4 加上配料

a 在迷你漢堡麵包底部依序放上漢堡排，抹上香辣花生醬。

b 放上生菜葉、牛番茄片、洋蔥圈、酸黃瓜片，蓋上麵包，放上脆糖培根，最後插入竹籤即完成。

08#

費城牛排古巴三明治

*Cuban Sandwich
with Philadelphia Steak*

〔材料〕

· 煎翼板牛排

翼板牛排…100g

鹽…1/8茶匙

粗粒黑胡椒…1/8茶匙

橄欖油…1茶匙

· 炒洋蔥蘑菇

橄欖油…1湯匙

洋蔥…20g（切絲）

蘑菇…40g（切片）

鹽…1/8茶匙

粗粒黑胡椒…1/8茶匙

· 烤古巴三明治

軟法麵包…1個

黃芥末…1湯匙

瑞士起司片…2片

奶油…5+5g

〔作法〕

1 煎翼板牛排

a 拆封牛排包裝，置於室溫下需10分鐘以上。

b 用廚房紙巾擦乾翼板牛排表面血水，均勻撒上鹽及粗粒黑胡椒，用手按壓使其附著。

c 加熱平底鍋，倒入橄欖油，以大火熱鍋，將牛排煎至喜好熟度即可起鍋，靜置10分鐘後切片，備用。

2 炒洋蔥蘑菇

加熱平底鍋，倒入橄欖油，以中火熱鍋，放入所有配料拌炒，至洋蔥呈現半透明狀即可盛起，備用。

3 製作三明治

a 將軟法麵包橫切，在上蓋切面塗抹黃芥末。

b 在麵包底部依序放上瑞士起司片、翼板牛排、炒洋蔥蘑菇，蓋上麵包。

c 加熱平底鍋，放入奶油，以小火加熱至融化，放上三明治。壓上重物，將三明治底部煎至焦糖色後翻面，再重複一次以上動作即完成。

PART4

9#

俄羅斯燉牛腱
Russia-Style beff stew

〔材料〕

· 鍋底

牛番茄⋯300g（切塊）
洋蔥⋯300g（切塊）
紅蘿蔔⋯200g（不削皮）
鹽⋯1茶匙
粗粒黑胡椒⋯1/4茶匙
月桂葉⋯2片
罐裝番茄碎⋯1罐
水⋯500ml

· 燉煮牛腱

橄欖油⋯1湯匙
牛腱⋯800g（切2mm塊）
伏特加或白酒⋯100ml

· 配料

馬鈴薯⋯200g（切塊）
蘑菇⋯200g
酸奶或鮮奶油⋯適量
蝦夷蔥或巴西利⋯適量（切碎）

〔作法〕

1 製作鍋底
在燉鍋中依序放入所有配料。

2 前處理牛腱＋燉煮
a 用廚房紙巾擦乾牛腱表面血水。
b 加熱平底鍋，倒入橄欖油，以小火加熱，
   將牛腱表面煎至略帶焦糖色，倒入伏特加
   或白酒拌煮至沸騰後倒入燉鍋，加蓋燉煮
   至少2小時，直到牛腱軟嫩為止。

3 加入配料＋盛盤
加入馬鈴薯塊、整顆蘑菇，加蓋繼續燜煮30
分鐘即完成。食用時，可加入適量酸奶或鮮
奶油，撒上蝦夷蔥或巴西利碎。

10#

米蘭牛尾燉飯

Risotto alla Milanese with Oxtail

〔材料〕

· 鍋底

紅蘿蔔…600g（滾刀切或切塊）

西洋芹…100g（切10cm段）

鹽…1/2茶匙

粗粒黑胡椒…1/4茶匙

水…1000ml

· 燉牛尾

牛尾…1000g

低筋麵粉…適量

橄欖油…2湯匙

洋蔥…600g（切絲）

白酒…100ml

· 番紅花燉飯

橄欖油…1湯匙

洋蔥…50g（切碎）

白酒…2湯匙

義大利米…200g

牛尾高湯…600g

番紅花絲…1/2茶匙

有鹽奶油…30g

帕瑪森起司粉…適量

· 義式香草醬

巴西利…5g（切碎）

大蒜…5g（切碎）

檸檬皮屑…3g

〔作法〕

1 製作鍋底

在燉鍋中依序放入所有配料，備用。

2 燉牛尾

a 將牛尾沖水洗淨，用廚房紙巾擦乾，均勻裹上一層薄薄的低筋麵粉。

b 加熱湯鍋，倒入橄欖油，以小火加熱，將牛尾表面煎至略帶焦糖色。

c 放入洋蔥絲拌炒至半透明，倒入白酒拌煮至沸騰後倒入燉鍋，加蓋燉煮至少2小時，直到牛尾軟嫩為止。

3 製作番紅花燉飯

a 加熱平底鍋，倒入橄欖油，以小火加熱，倒入洋蔥碎拌炒至半透明，倒入義大利米，均勻拌炒至表面油亮。

b 倒入白酒，均勻拌炒至水分收乾。

c 加入番紅花絲、牛尾高湯，以小火燉煮至湯汁快收乾時，加水繼續將米粒燉煮至個人喜好口感，即可關火。

d 放入奶油，混拌均勻後刨上帕瑪森起司粉即可盛盤。

4 製作義式香草醬＋盛盤

a 將義式香草醬的所有材料混和均勻，備用。

b 將番紅花燉飯鋪底，舀入燉牛尾，佐以義式香草醬即完成。

COOKING TIPS

主廚的牛肉烹調秘訣

Q 燉煮牛肉時要注意的地方？

燉煮牛肉或煮牛肉湯時，加鹽的時間點滿重要的，建議可以分兩次加鹽，而不要一次把鹽全部下完。首先，在放好所有食材時，這時加鹽是做出基底的味道，而在燉煮過程中，食材會釋放出自己本身的味道之外，鹽也會漸漸滲入其中，讓肉類、食材更有風味層次，要關火之前，可依個人喜好再次加鹽，這次則是做口味上的微調。

燉煮過程中第一次加鹽時，是為肉類食材更有風味層次，若只等最後才加入鹽的話，鹽會只停留在食材表面，導致成品只有表層鹹味，但不會滲入肉類和其他食材中。本書食譜中所列的鹽量都是在第一次加鹽時的份量，大家可依自己的口味再做鹹淡調整。

牛肉烹調秘訣

Q用烤箱料理牛肉時，怎麼做才好吃？

若選用3cm以上厚度的牛排或大塊牛肉，建議先放入烤箱烘烤，再用平底鍋煎出香氣，這樣先烤後煎的做法，除了更容易掌控熟度之外，也更能凸顯梅納反應後的香氣。作法如下：

慢烤牛肉塊時…

1 將牛肉塊的表面血水擦乾，均勻抹上鹽，用保鮮膜包裹後冷藏醃漬24小時，長時間的醃漬有助於入味之外，鹽也具有分解蛋白質的作用，讓肉質更加軟嫩，鹽的份量為：每100g的肉，配1g的鹽。

2 將醃漬好的牛肉置於室溫下回溫至20℃以上，同時間將烤箱預熱至110℃。

3 在牛肉表面均勻抹上一層橄欖油，烤盤放上網架後再放牛排，依照熟度喜好設定烘烤時間，時間到後關掉電源，利用烤箱餘溫再烘烤30分鐘。

4 大火加熱平底鍋，倒入橄欖油，將烤好的牛肉塊表面煎出焦糖色澤後起鍋，靜置10分鐘即完成。

烤厚切牛排時…

1 拆封牛排包裝，置於室溫下回溫至中心溫度20℃以上。

2 用廚房紙巾擦乾牛排表面血水，均勻抹上橄欖油，撒上鹽及粗粒黑胡椒，用手按壓使其附著。

3 烤箱預熱至135℃，烤盤放上網架後再放牛排，依照熟度喜好設定烘烤時間。

4 大火加熱平底鍋，倒入橄欖油，將烤好的牛排表面煎出焦糖色澤後起鍋，靜置10分鐘即完成。

註：

1 每台烤箱加熱效能有異，牛肉產地、等級、部位、重量、厚度，皆會影響烘烤結果，建議大家可依個人熟度喜好設定時間試烤，再以此次成品斟酌調整烘烤時間。

2 肉品烘烤前的回溫動作，對於烘烤結果影響甚大，請務必放置於室溫下回溫，讓中心溫度達20℃以上，再進行烘烤，若無溫度計，可依厚度設定回溫時間，請參考88頁內容。其他規格的牛肉實測紀錄會陸續公佈於「玩味。找餐」FB粉絲團。

Q 如何製作美味的肉汁？

一般煎完牛排起鍋之後，通常鍋底會留下油脂跟肉屑，可以用它來煮成很香的肉汁醬，製作方式簡單、但有著濃郁精華，可以淋在牛排上一起享用，作法如下：

1 牛排起鍋後，加入1茶匙的低筋麵粉，以小火拌炒均勻。
2 接著倒入100ml的雞高湯，或使用牛奶或紅酒也可以，拌煮至沸騰。
3 最後加鹽、黑胡椒調味一下，這樣完成的肉汁有絕美風味。

牛肉烹調秘訣

樂食Santé09
專業肉舖的牛肉料理教本

作　　　　　者	湯瑪仕肉鋪 Thomas Meat、張詣 Eason
主　　　　　編	蕭歆儀
特　約　攝　影	王正毅
封面與內頁設計	MIASOUP DESIGN
食　譜　英　譯	王凱林
插　　　　　畫	Nina
出　版　總　監	黃文慧
行　銷　企　劃	莊晏青、陳詩婷
社　　　　　長	郭重興
發　行　人　兼	曾大福
出　版　總　監	
出　版　者	幸福文化
地　　　　　址	231 新北市新店區民權路108-2號9樓
電　　　　　話	(02)2218-1417
傳　　　　　真	(02)2218-8057
電　　　　　郵	service@bookrep.com.tw
郵　撥　帳　號	19504465
客　服　專　線	0800-221-029
部　　落　　格	http://777walkers.blogspot.com/
網　　　　　址	http://www.bookrep.com.tw
法　律　顧　問	華洋法律事務所 蘇文生律師
印　　　　　製	凱林彩印股份有限公司
電　　　　　話	(02) 2794-5797

初版 1 刷　西元 2018 年 6 月　初版 5 刷　西元 2020 年 2 月
Printed in Taiwan 有著作權 侵害必究

國家圖書館出版品預行編目(CIP)資料

專業肉舖的牛肉料理教本／湯瑪仕肉舖
Thomas Meat、張詣 Eason 著
-- 初版. -- 新北市：幸福文化, 2018.06
　面；　公分 -- (Sante；9)
ISBN　978-986-96358-4-4（平裝）
1.肉類食譜 2.烹飪

427.211　　　　　　　　　　107004796